数控综合

主　编◎李卫锋　唐江成
副主编◎刘漫漫　彭　飞　金米玲　王东华

长江出版传媒　湖北科学技术出版社

图书在版编目（CIP）数据

数控综合 / 李卫锋，唐江成主编 . —武汉：湖北科学技术
出版社，2024.5
　　ISBN 978-7-5352-8725-0

　　Ⅰ . ①数… 　Ⅱ . ①李… 　②唐… 　Ⅲ . ①数控机床－
中等专业学校－教材 　Ⅳ . ① TG659

　　中国国家版本馆 CIP 数据核字（2024）第 021613 号

责任编辑：兰季平
责任校对：陈横宇 　　　　　　　　　　　　　　　　　封面设计：曾雅明

出版发行：湖北科学技术出版社
地　　　址：武汉市雄楚大街 268 号（湖北出版文化城 B 座 13—14 层）
电　　　话：027-87679468 　　　　　　　　　　　　　邮　　编：430070

印　　　刷：武汉鑫佳捷印务有限公司 　　　　　　　　邮　　编：430000

787×1092 　　　　1/16 　　　　　　　　　　20 印张 　　　　480 千字
2024 年 5 月第 1 版 　　　　　　　　　　　　　　2024 年 5 月第 1 次印刷
定　　　价：120.00 元

（本书如有印装问题，可找本社市场部更换）

前　言 PREFACE

　　职业教育传统的灌输式教育与职业院校学生不适应传统教育之间的矛盾导致学生学习积极性主动性差——老师教学难;另外,专业在技能学习过程中对经验积累要求高,导致学生普遍反映不好学,学不好——学生学习难,从而造成人才培养质量始终不能很好地契合产业企业的需求。为了解决这个问题,职业教育应该朝着实践性高、操作性强、教学与企业生产实践相结合的方向发展,即朝着理论与实践相辩证统一的方向发展。《国家职业教育改革实施方案》提出,"按照专业设置与产业需求对接、课程内容与职业标准对接、教学过程与生产过程对接的要求,完善中等、高等职业学校设置标准,规范职业院校设置"。可见,实现三个对接,是实现职业教育高质量发展的关键。从国内外研究现状看,众多学者均认为促进教学过程与生产过程对接是推动产教融合发展的有效措施。从实践角度来看,大多数学校虽然开展了教学过程与生产过程对接的有益探索,但是着重点都放在某个具体的生产岗位的对接上,而忽视了真实生产过程是由一系列彼此独立又相关的岗位——岗位链工作组成,忽视了岗位间的有机连接,因而也忽视了岗位链的对接。

　　武汉市仪表电子学校数控技术应用专业作为湖北省特色、品牌专业,于2017年申报了课题"数控技术应用专业'强三基,重能力'校内现代学徒制培养方案研究",并获得武汉市教育科学"十三五"规划课题立项批准〔2017C118〕。经过项目组成员四年的探索、研究与实践,取得了一批研究成果,并于2022年通过鉴定。在课题研究过程中,武汉市仪表电子学校根据自身办学情况,结合企业生产岗位链,校企共同开发了本教材,有效推进了如下教学问题的解决:

　　(1)解决了实训过程与生产过程相脱节的问题;

　　(2)解决了课程标准落后于企业岗位链标准的问题;

　　(3)解决了中职教育人才培养滞后于行业企业需求的问题。

　　本教材共分六个模块,计15个任务。模块一和模块六属于生产准备类任务,模块二至模块五为生产性任务,全书15个任务均围绕枪模的生产过程以岗位链的形式展开。

　　本教材为新形态活页式教材。教材创新性地融入岗位链概念,以岗位链的形式展开教学过程,并依据学生的认知规律,创新性地把能量点和能量站布设到教材中的不同位置。本教材为活页式教材,各个岗位人员均可从教材中取出该岗位的任务页,并在任务实施过程中查看或填写,当各个岗位任务完成后,再通过教材的卡环放回到教材的原来页次,这样教材中就可呈现完整的生产教学过程,有利于回顾与反思。《数控综合》活页式教材既是课题"数控技术应用专业'强三基,重能力'校内现代学徒制培养方案研究"的研究成果的直观体现,也为"四阶供能　多岗并育"教学模式的实施提供了有效的支撑。

　　在课题"数控技术应用专业'强三基,重能力'校内现代学徒制培养方案研究"研究过程中,武汉市仪表电子学校根据自身办学情况,结合企业生产岗位链,校企共研《数控综合》课程标准试用版,共同开发了《数控综合》校本教材,经过试验班的试验应用,最终确定了最终版(本教材)。

参加本教材编撰工作的有李卫锋、王东华、唐江成、刘漫漫、彭飞、金米玲。本书主编李卫锋,主审张珍明。在编写过程中,得到武汉市仪表电子学校劳模工作室的支持,在此一并致以衷心的感谢。鉴于编者水平及缺乏新形态教材的编撰经验,教材中难免会存在疏漏,敬请读者批评指正。

编　者

目 录 CONTENTS

模块一　枪模制作启动

任务一　安全生产

工作任务

表 1.1.1　任务卡

任务名称			实施场所		
班级			姓名		
组别			建议学时		2 学时
知识目标	1. 了解安全的概念和意义； 2. 了解安全生产的概念； 3. 了解安全生产的责任主体； 4. 了解安全生产的目的； 5. 了解安全生产的时间和空间； 6. 掌握落实安全生产的措施				
技能目标	1. 能够辅助班组安全管理； 2. 能够实现班组安全生产； 3. 能够进行安全检查和保养				
思政目标	5W1H 法				
教学重点	安全意识				
教学难点	安全措施				
任务图					
任务准备	场地设施	工作桌、工作椅			
	工具与设备	数控车床 6 台、数控铣床 6 台、四轴加工中心 2 台、机床附件等			
	文具	A4 纸若干、2B 铅笔若干、中性笔若干、绘图工具若干			
	劳保用品	帆布手套、工作服、电工鞋等			
学习任务环节设置					
环节 1	环节 2	环节 3	环节 4	环节 5	环节 6
what	why	where	when	who	how

what

引导问题1：安全是什么？

安全就是生命、效益、幸福、责任。

引导问题2：安全生产是什么？

安全生产，是指在生产经营活动中，为了避免造成人员受伤和财产损失的事故而采取相应的事故预防和控制措施，使生产过程在符合规定的条件下进行，以保证从业人员的人身安全与健康，设备免受损坏，环境免遭破坏，保证生产经营活动得以顺利进行的相关活动。

引导问题3：安全知识涉及什么内容？

同学们选一选（可多选）：

安全规定 □ 安全规程 □ 安全标识 □ 安全防护 □ 其他安全事项 □

请大家找一找实训场地的安全标志，有标错的吗？有缺失或遗漏的吗，请同学们帮助实训室管理员填写表1.1.2，完善安全管理。

表1.1.2

问题		位置书写处与标识粘贴处				
标识标错	原有位置					
	原有标识					
	正确位置					
	正确标识					
标识遗漏或标识缺失	位置					
	标识					

引导问题4：安全生产教育的目的是什么？

人人学安全，人人懂安全，人人都安全。

why

引导问题5：为什么要进行安全生产教育？

本人不受伤害

不被别人伤害,也不伤害别人

设备不受损

意外不出现

where

引导问题6：当我们处于何种空间位置时,要考虑安全问题？

三级安全教育:实训楼,实训室,班组。

实训楼安全教育:进入实训楼就应当有"安全第一"和"安全重如山"的思想意识。了解实训楼设备分布情况(重点了解接近危险部位、特殊设备的注意事项)、各年级实训分布情况、实训楼安全生产规章制度等。了解实训楼内设置的各种消防装置和警告标志等。

实训室安全教育:了解实训室的布局,实训室危险区域、有毒有害工种情况,实训室事故多发部位、原因、特殊规定和安全要求,实训室常见事故;了解实训室防火知识,实训室易燃易爆品的情况,消防用品放置地点、灭火器的性能、使用方法、实训室消防组织情况、遇到火险如何处理等。

班组安全教育:了解本班组的生产特点、作业环境、危险区域、设备状况、消防设备等;交代本班组容易出事故的部位;了解本工种的安全操作规程;了解作业环境的安全检查和交接班制度;掌握如何正确使用劳保用品等。

when

引导问题 7：**什么时间要注意安全？**

三段安全规范：加工前，加工中，加工后。

加工前安全规范：加工前预热机床，检查润滑系统工作情况。所选择刀具、工具及附件等应与机床规格相匹配。检查机床防护门上方无工具或杂物等。

加工中安全规范：清理铁屑时禁止直接上手，一定要使用铁钩和毛刷。主轴在旋转中，禁止用手或其他任何物品接触。机床在切削进给过程中，禁止擦拭工件或挪动工件或其他机床内部清扫工作。数控机床运行过程中，操作者不得擅自脱岗，遇紧急情况立即拍急停按钮。在加工过程中，防护门严禁打开。一人一岗，机床专用，其他人员未经班组长同意不得擅自操作机床。不熟悉机床者，禁止操作。有问题未解决者，不能做试验性操作，第一时间向指导教师请教。在手动操作机床各轴运动时，须先弄清楚各轴方向再操作，且先慢后快，等确定方向后再加快速度。

加工后安全规范：实训课结束，依据《班组每日保养表》保养机床并做记录。关闭面板电源及机床总电源。

who

引导问题 8：**生产安全谁负责？**

《安全生产法》第五条：生产经营单位的主要负责人是本单位安全生产第一责任人，对本单位的安全生产工作全面负责。其他负责人对职责范围内的安全生产工作负责。

引导问题 9：**有的人认为安全是企业或学校的事、领导或老师的事，与本人无关，你们想过没有，安全生产究竟是为了谁？**

安全就是为了本人，自我才是安全的主体。生命只有一次，只要是热爱生活的人，都会珍视本人的生命。安全为了人人，这是核心安全观。

每个社会成员都需承担社会责任，安全是履行社会责任的前提。企业以人为生产主体，只有生产主体实现了安全，企业的发展才会有保障，只有企业发展了，员工才能实现本人的效益。因此，安全不仅意味着企业的效益，也意味着自我的效益，两者不可分割。另外，我们还是家庭一员，父母妻儿只求我们健康上班，平安归来，保障自身安全是我们对于家庭应负的基本责任。安全为了家庭，安全为了社会，这是安全责任观。

总之，安全为了本人，安全为了家人，安全为了企业，安全为了社会，安全为了你、我、他！

引导问题 10：**我们采取哪些措施来保障安全生产呢？**

每日一诵读，每日一检查，每日一保养。

每日一诵读:安全生产"三字经"。

安全事,重如山;

每个人,都有关;

莫大意,防为先;

各岗位,培训前;

建制度,严控管;

订措施,规实践;

勤检查,不忙乱;

不徇私,事公办;

不安全,决不干;

出问题,教训惨;

人财物,化云烟;

常学习,最安全。

每日一检查:定岗定责,各班组由组长承担安全员职责,依据表1.1.3《班组每日安全检查表》落实每日班组安全检查工作。

每日一保养:定岗定责,各班组设备保养工作由操作员承担,依据表1.1.4《班组每日保养表》落实每日班组保养工作。

思政小课堂

5W1H

1932年,美国政治学家拉斯卫尔提出了"5W"法。这个方法在实践中得到广泛而有效的应用,随着应用地深入,又加入了"1H",最终形成"5W1H"法,又名六何分析法,既是思考方法,也是创造分析法。"5W1H"内容:

what(是什么);

why(为什么);

where(什么地方);

when(什么时间);

who(哪个人);

how(怎么做)。

核心点:"5W1H"就是对工作的任务(what)、原因(why)、地点(where)、天时(when)、人物(who)和措施(how)进行科学地分析,并进行书面描述,然后据此规划行为,达成预期。即通过6个问题的提出,使思维围绕6个方向来规划,6个方面做到位,问题得到解决,目标也在不刻意间自然达成。

表 1.1.3 班组每日安全检查表

分类	检查项目	日期																													
		1	2	3	4	5	6	7	8	9	10	11	12	13	14	15	16	17	18	19	20	21	22	23	24	25	26	27	28	29	30	31
人员	操作人员是否有按规范佩戴安全帽,防护镜等																															
	有无穿拖鞋现象																															
	有无攀坐或依靠机械,电器,设备等																															
	是否有非操作岗位人员私开机械设备																															
	班组是否执行了安全值日制度																															
	人员是否对本岗位安全操作规程熟悉																															
	班组是否有带病作业,疲劳作业																															
	班组是否有违反规范的操作或行为																															
	班组人员是否有擅自离岗行为																															

续表

分类	检查项目	日期																													
		1	2	3	4	5	6	7	8	9	10	11	12	13	14	15	16	17	18	19	20	21	22	23	24	25	26	27	28	29	30	31
作业现场	班组工作区域整洁与否、畅通与否																																
	原料、成品半成品是否在规定区域																																
	原料、成品半成品是否摆放整齐																																
	工量具是否按规范位置摆放																																
	地面无积水、垃圾杂物、障碍物等																																
	危险区域有无标志																																
	其他危险因素是否存在																																
机械设备设施	设备正常与否																																
	设备防护罩是否完整无缺																																
	维护保养是否定期在做																																
	仪器仪表是否正常																																
电器设备设施	开关、插座等有无严重发热																																
	开关外壳是否完整无破损																																
	地线零线接线牢固																																
	电线乱拉乱接与否																																
消防	主通道是否未堵塞																																
	消防设备设施前是否畅通开阔																																

表 1.1.4　班组每日保养表

序号	检查周期	检查部位	检查要求	保养情况 已保养打勾
1	每天	机床外表	清洁,无工具、量具或杂物堆积	
2	每天	导规润滑	保证油量,润滑油泵能否正常工作,是否有油从各润滑点流出	
3	每天	各轴导轨清洁	清除切屑、杂物、水液,检查有无划伤和锈蚀,切屑是否夹进防尘护板,有无夹带铁屑	
4	每天	气源	检查气压表上的数值是否正常,处理器下方是否含水过多	
5	每天	油水自动分离器	及时清理去水,并添加润滑油	
6	每天	液压系统	声音无异常,压力表数值正常,油箱油面高度合适,无泄露,无异常振动	
7	每天	散热通风装置	各排气扇正常,进气滤网清洁,风道无堵塞	
8	每天	各种防护装置	机床防护罩滑动无碍无破损	
9	不定期	冷却液槽	液面高度是否合适,冷却液是否出水正常,冷却液是否变质,滤网是否堵塞,必要时清理冷却液槽	
10	不定期	排屑器	是否堵塞,清理	
11	不定期	废油盒	清理废油盒,盒中油量异常,油路故障	

任务二 班组组建

表 1.2.1 任务卡

任务名称			实施场所		
班级			姓名		
组别			建议学时	2 学时	
知识目标	1. 了解数控技术应用专业在企业的岗位设置； 2. 了解各个岗位的职责和岗位条件； 3. 了解岗位竞聘的流程； 4. 了解团队合作的重要性和必要性				
技能目标	1. 能够根据岗位职责和岗位条件选择适合本人的岗位； 2. 能够通过竞聘实现本人的岗位选择； 3. 能够合作组建一个团结和谐的生产团队				
思政目标	团队合作				
教学重点	岗位竞聘				
教学难点	岗位竞聘				
任务图					
任务准备	场地设施	工作桌、工作椅			
	工具与设备	数控车床6台、数控铣床6台、四轴加工中心2台、(工、量具)6套、机床附件等			
	文具	A4纸若干、2B铅笔若干、中性笔若干、绘图工具若干			
	劳保用品	帆布手套、工作服、电工鞋等			
学习任务环节设置					
环节1	环节2	环节3	环节4	环节5	环节6
what	why	where	when	who	how

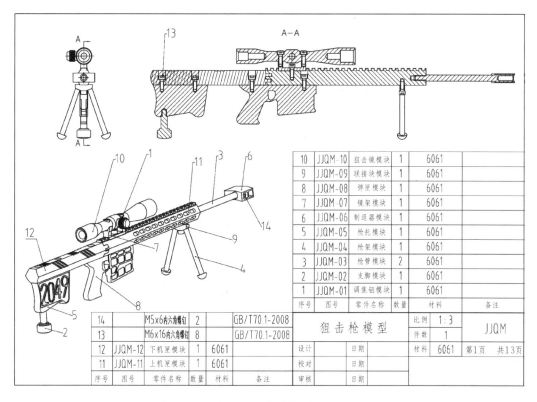

10	JJQM-10	狙击镜模块	1	6061	
9	JJQM-09	联接块模块	1	6061	
8	JJQM-08	弹匣模块	1	6061	
7	JJQM-07	镜架模块	1	6061	
6	JJQM-06	制退器模块	1	6061	
5	JJQM-05	枪托模块	1	6061	
4	JJQM-04	枪架模块	1	6061	
3	JJQM-03	枪管模块	2	6061	
2	JJQM-02	支脚模块	1	6061	
1	JJQM-01	调焦钮模块	1	6061	
序号	图号	零件名称	数量	材料	备注

14	M5x6内六角螺钉	2	GB/T70.1-2008	
13	M6x16内六角螺钉	8	GB/T70.1-2008	
12	JJQM-12	下机匣模块	1	6061	
11	JJQM-11	上机匣模块	1	6061	
序号	图号	零件名称	数量	材料	备注

狙击枪模型　比例 1:3　件数 1　JJQM

设计		日期		材料	6061	第1页　共13页
校对		日期	
审核		日期	

图 1.2.1　狙击枪模型

任务情境

现在我们在脑中构建这样一种场景:某枪模生产企业接下一巨额狙击枪模订单,集团董事会紧急决定开展试制竞赛,竞赛以班组的形式开展,在企业内部职工中通过竞聘的形式成立 6 个班组,每个班组就是一个试制团队,每个试制团队 5 ~ 7 人。竞赛以成本为评比标准。参赛题目如图 1.2.2 所示。

引导问题 1: 企业的制造部门员工有 1000 人左右,假设我们大家就是其中一部分,接下来首先要做什么?

_____

引导问题 2: 建立团队是不是随随便便拉几个人在一起就行了?

先不着急回答,让我们来分享一个经典名著。

西汉末年,佛教自天竺(古印度)经西域传入我国,后经过数百年传播,到唐朝时达最盛。在这种尊佛求佛蔚然成风的大背景下,玄奘法师历尽劫难、不辞万里前往西天求取真正的本原经文。经典名著《西游记》里讲的就是玄奘取经的事。名著里唐玄奘有 3 个徒弟,大徒弟孙悟空顽劣但睿智,

图 1.2.2　《西游记》取经故事图

二徒弟猪八戒懒惰但可爱,三徒弟沙悟净木讷但吃苦耐劳。

同学们可能觉得这个团队里除了孙悟空,其他几人都是凑数的,真的是这样吗? 如果让你从这个团队中剔除一个成员,你选哪位? 班组讨论,并说明原因。

_____

_____

_____

_____。

你觉得西游取经团队可以打几分? (满分为 5 分)

□ 5 分 □ 4 分 □ 3 分 □ 2 分 □ 1 分

建立团队是不是随便拉几个人就行了呢? 如果现在让你组建团队,你该怎么做?

_____

_____

_____。

岗位竞聘

引导问题 3:想一想,企业生产过程中设置了哪些岗位? 各岗位分别是做什么的?

零件加工任务需要班组成员相互合作完成。根据加工过程设置五类岗位,分别是工艺员、编程员、操作员、检验员、后勤员,为了满足教学的要求,新增设了成本核算岗,因此共设六类岗位。

每个岗位对应不同的职责。

组长:①负责工艺分析、方案确定、岗位竞聘;②负责考勤;③负责现场加工任务各环节的实施管理和改进;④负责组内协调沟通和老师的沟通;⑤协助教师做好现场的安全管理;⑥填写《岗位记录表》。

编程员:在不影响质量的前提下编制出规范高效的加工程序,程序调试,跟踪现场加工并及时对不合理或错误的地方改进或改正,协助操作员加工出合格工件填写《程序编制记录卡》并签名,本岗位的 6S。

操作员:严格按照工艺文件和图纸加工工件,正确填写相应记录,严格按照操作规程要求使用机床,负责机床的日常清理和维护保养工作,及时向组长反馈加工过程中的问题并提出建议,及时清点或备用材料、工具和量具等,对完成的工件认真做好自检,本岗位的 6S,刀具研磨(使用焊接刀的前提下),填写《机加工工序卡》中的工序工时并签名。

检验员:确认坯料尺寸规格材质和数量,按要求完成成品的检验,标识不合格产品并归集;对不合格产品进行分析,查明原因并提出改进建议,并协助组长确定、落实并跟进改进措施;负责检验仪器的使用、校正和维护保养,填写《检验卡》并签名,本岗位的 6S。

核算员:材料及工量具的领用及盘点;成本资料的收集整理,包括设备使用费用或折旧费、水电费、人工费、材料费等;负责收入、成本和利润的核算;提供成本降低措施与建议;填写《成本核算表》并签名。

后勤员:各岗位的辅助工作,废料的处置工作,组长布置的其他工作。加工场地的6S。

引导问题4:想一想,要从事这些岗位需要具备哪些条件或满足哪些要求呢?

组长:具备较强的沟通能力,较强的组织能力,较强的业务能力,强烈的责任感,良好的抗挫折能力。

编程员:了解机加工流程,能识读零件图和工艺文件,程序基础扎实,有较好的编程思维和编程经验,良好的沟通能力。

操作员:了解机加工流程,能识读零件图和工艺文件,具有良好的机床操作记录,能熟练使用工量具,工作踏实,吃苦耐劳。

检验员:具备看图识图能力,娴熟使用各类检测工(量)具,具有较强的沟通能力和团队合作精神以及较强的责任心。

核算员:了解机加工流程,有良好的沟通能力,有较强责任心,工作细心、认真。

后勤员:了解机加工流程,具备较强的责任心、吃苦耐劳和团队合作精神。

引导问题5:怎样才能获得这个岗位呢?

需要竞聘。方法:首先教师在全班组织组长岗竞聘,竞聘结果填写到表1.2.2中。

表1.2.2 组长竞聘表

组长竞聘表					
A 企组长	B 企组长	C 企组长	D 企组长	E 企组长	F 企组长

然后由组长组织组内余下各岗位的竞聘(工艺岗由组长兼岗,无须再竞聘)。一般每班组6~7人,把竞聘结果填写在表1.2.3中。

表1.2.3 加工岗位竞聘表

加工岗位竞聘表		班级	组别	零件号	零件名称
岗 姓名		得票数			
工艺员					
编程员					
操作员					
检验员					
核算员					
后勤员					
责任	签字		审核		审定

说明:此后无特殊情况均以此表布置任务。如果确有需要更换岗位,则由组长负责具体的换岗事宜,且需更换新的岗位表。

引导问题 6:怎样才能履行好你的岗位呢？怎样能够在成本合理的前提下加工出合格零件呢？

除了做好本岗位工作,还有岗位间的有效协同。良好的配合会产生意想不到的效果,让效率更高,让团队成员的幸福感、价值感提升。

机床分配

引导问题 7:各班组使用的机床是固定的吗？使用哪台机床呢？

在整个枪模的加工过程中,每个生产班组使用的机床是固定的,因此我们有必要对机床进行分配,为了公平起见,以抽签的形式确定机床。

请同学们把抽签结果写下来:_____。

引导问题 8:抽到的机床是不是正常工作,有没有故障或需要解决的问题？

_____

_____。

场地布置

引导问题 9:我所在班组的使用机床和讨论区太远,能不能把讨论区的桌椅移到机床附近？

我们的实训场地可以自由布置,各班组可以根据本人的需要布置,但是经常变动会影响其他组,所以一旦确定下来尽量不要再搬动。组长可以在下面方框中画出本班组的布置图及各岗位的位置。

师生评价

引导问题 10：加工前的各项工作基本准备就绪，你觉得本人在本次任务中表现如何？

在表 1.2.4 中本人岗位对应的位置做评价。

表 1.2.4　学生自评表

自评表					班级	姓名	零件号	零件名称
评价项目		评价要求	配分	评分标准				得分
任务环节表现	构建情境	态度认真	5	听课不认真不得分				
		积极互动	5	有互动满分,有问无答扣2分,拒绝或抵触回答无分				
	岗位竞聘	表达清晰	6	讲话无条理听不懂无分				
		声音洪亮	6	声音盖不过车间嘈杂声扣2分,听不到无分				
		竞争有序	6	热烈无序扣1分,不热烈且无序无分				
		情绪稳定	6	吵闹无分				
	机床分配	抽签秩序	5	无序无分				
		机床检查	5	不检无分,有检查未解决问题扣2分				
	场地布置	举止文明	5	举止粗鲁无分				
		布局合理	5	布局不合理无分				
	考核评价	自评认真	5	不认真无分				
		互评中立	5	不客观或有主观故意成分无分				
综合表现	团队协作	支持信任	6	有良性互动,一次加1分,加满为止				
		目标一致	6	无分歧或讨论后协同,满分				
	精神面貌	工作热情	6	热爱岗位工作满分				
		乐观精神	6	不畏难满分				
	沟通交流	交流顺畅	6	交流频繁满分				
	批判精神	质疑发问	6	发现问题并提建议,满分				
总评分			100	总得分				
		学生签字						

引导问题 11：你觉得其他班组的表现怎么样？

在表 1.2.5 中对其他班组做个评价吧。

表 1.2.5　班组互评表

班组互评表				班级	组别	零件号	零件名称

评价项目		评价要求	配分·	评分标准	得分				
					□组	□组	□组	□组	□组
任务环节表现	构建情境	态度认真	5	听课不认真不得分					
		积极互动	5	有互动满分,有问无答扣2分,拒绝或抵触回答无分					
	岗位竞聘	表达清晰	6	讲话无条理听不懂无分					
		声音洪亮	6	声音盖不过车间嘈杂声扣2分,听不到无分					
		竞争有序	6	热烈无序扣1分,不热烈且无序无分					
		情绪稳定	6	吵闹无分					
	机床分配	抽签秩序	5	无序无分					
		机床检查	5	不检无分,有检查未解决问题扣2分					
	场地布置	举止文明	5	举止粗鲁无分					
		布局合理	5	布局不合理无分					
	考核评价	自评认真	5	不认真无分					
		互评中立	5	不客观或有主观故意成分无分					
综合表现	团队协作	支持信任	6	有良性互动,一次加1分,加满为止					
		目标一致	6	多数组员一致加3分,全体一致满分					
	精神面貌	工作热情	6	一名组员热情加1分,加满为止					
		乐观精神	6	一名组员不畏难加2分,加满为止					
	沟通交流	交流顺畅	6	一名组员积极加1分,加满为止					
	批判精神	质疑发问	6	发现问题并提建议,一次加1分,加满为止					
总评分			100	总得分					
		组长签字							

引导问题 12：**对本班组的表现,老师有什么样的评价?**

请指导老师在表 1.2.6 中对你的班组进行评价吧。

表1.2.6 教师点评表

教师点评表			班级	组别	零件号	零件名称
评价项目		评价要求	配分	评分标准		得分
任务环节表现	构建情境	态度认真	5	听课不认真不得分		
		积极互动	5	有互动满分,有问无答扣2分,拒绝或抵触回答无分		
	岗位竞聘	表达清晰	6	讲话无条理听不懂无分		
		声音洪亮	6	声音盖不过车间嘈杂声扣2分,听不到无分		
		竞争有序	6	热烈无序扣1分,不热烈且无序无分		
		情绪稳定	6	吵闹无分		
	机床分配	抽签秩序	5	无序无分		
		机床检查	5	不检无分,有检查未解决问题扣2分		
	场地布置	举止文明	5	举止粗鲁无分		
		布局合理	5	布局不合理无分		
	考核评价	自评认真	5	不认真无分		
		互评中立	5	不客观或有主观故意成分无分		
综合表现	团队协作	支持信任	6	有良性互动,一次加1分,加满为止		
		目标一致	6	多数组员一致加3分,全体一致满分		
	精神面貌	工作热情	6	一名组员热情加1分,加满为止		
		乐观精神	6	一名组员不畏难加2分,加满为止		
	沟通交流	交流顺畅	6	一名组员积极加1分,加满为止		
	批判精神	质疑发问	6	发现问题并提建议,一次加1分,加满为止		
总评分			100	总得分		
		教师签字				

模块二 枪模制作之数车

任务一 调焦钮制作

工作任务

表 2.1.1 任务卡

任务名称		实施场所	
班级		姓名	
组别		建议学时	8 学时
知识目标	1.掌握滚花的加工方法； 2.掌握外螺纹检测方法。		
技能目标	1.能够加工合格的滚花； 2.能够进行外螺纹质量分析。		
思政目标	安全意识		
教学重点	滚花加工		
教学难点	滚花质量分析		
任务图			
任务准备	毛坯尺寸	直径 20mm 的铝棒料	
	设备及附件	数控车床、卡盘扳手、刀架扳手	
	技术资料	编程手册、机械手册等	
	劳保用品	帆布手套、工作服、电工鞋等	

学习任务环节设置								
	环节 1	环节 2	环节 3	环节 4	环节 5	环节 6	环节 7	环节 8
	工艺制订	程序编制	操作实施	质量检验	废弃管理	成本核算	加工复盘	考核评价
环节责任								
时长记录								

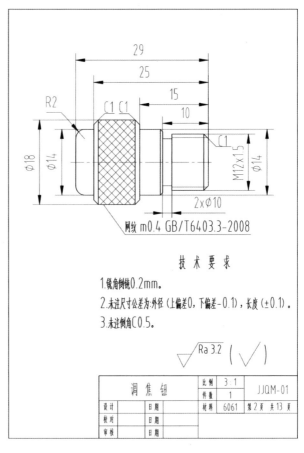

图 2.1.1　调焦钮零件图

工艺制定

引导问题 1：读了图 2.1.1，你有没有发现错漏或模糊的地方？
有的话请写下来。

_____

_____

_____

_____ 。

引导问题 2：识读零件图 2.1.1，并按下列要求分析，并填写到相应的横线上。

结构分析：_____

_____

_____

_____ 。

技术要求分析：_____

_____

_____

工艺措施：_____。

_____

_____

_____。

能量点

滚花

滚花是一种机械工艺,是在工作外表面(如零件的捏握处)滚压花纹,主要是为了美观和防滑。滚花件如图 2.1.2 所示。

图 2.1.2 滚花件

滚花花纹有直纹和网纹两种。花纹有模数之分,模数不同,花纹粗细不同。模数越小,花纹越细。花纹的形状见图 2.1.3。

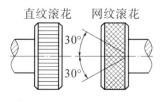

图 2.1.3 滚花花纹

引导问题 3：**为了保证调焦钮加工质量,可以采用下列哪种装夹方案?**

班组讨论,并从附页中选择贴图,并撕下贴到本题目对应选项下方的虚线框中。

引导问题 4：**在调焦钮的加工过程中,需要用到的刀具有哪些? 这些刀具的规格又是什么样的?**

班组讨论。在图 2.1.4 中所选择的刀具下方括号内打勾,并填表 2.1.2。

表中应填写的刀具包括但不限于图 2.1.4 中的刀具。

( )　　　　( )　　　　( )

（　　）　　　　　（　　　）　　　　　（　　　）

图 2.1.4　主要刀具备选池

表 2.1.2　刀具卡

刀具卡				班级	组别	零件号	零件名称
序号	刀具号	刀具名称	数量	加工表面	刀尖半径(mm)		刀具规格(mm)
1							
2							
3							
4							
责任		签字		审核			审定

能量点

滚花刀

滚花刀是滚花用的工具,一般车床上使用,分单轮、双轮和六轮 3 种,如图 2.1.5 所示。单轮用来滚直纹,由刀柄和直纹滚轮组成;双轮用来滚网纹,由两只滚轮、浮动接头和刀柄组成,两个滚轮的旋向不同;六轮可以根据需要滚出 3 种不同模数的网纹滚花刀,3 对滚轮(模数不同)和刀柄通过浮动接头组成一体。

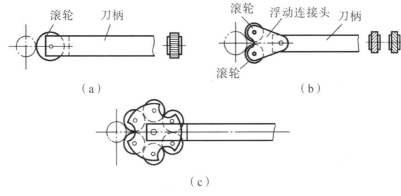

（a）　　　　　　　　　　　　　　　　　（b）

（c）

图 2.1.5　滚花刀种类

（a）单轮（直纹）滚花刀；（b）双轮（网纹）滚花刀；（c）六轮（3 种网纹）滚花刀

引导问题 5:需要按照什么样的工艺顺序来加工调焦钮? 应该拟定一个什么样的**工艺路线?**

完成下面的题目。

加工顺序,指在零件的生产过程中对各工序的顺序安排,又称工艺路线。工序是工艺路线的组成部分,通常包括切削工序、热处理工序和辅助工序。鉴于实训室的条件,可以只考虑切削工序和辅助工序。根据调焦钮零件图和加工要求,勾选加工顺序安排的原则(可多选):

☐ 先主后次原则　　　　☐ 基面先行原则　　　　☐ 先面后孔原则

☐ 先粗后精原则　　　　☐ 先内后外原则　　　　☐ 工序集中原则

☐ 刚性破坏小原则

拟定工艺路线:＿＿＿＿＿＿＿＿＿＿＿＿＿＿＿＿＿＿＿＿＿＿＿＿＿＿＿＿＿

＿＿＿＿＿＿＿＿＿＿＿＿＿＿＿＿＿＿＿＿＿＿＿＿＿＿＿＿＿＿＿＿＿＿＿＿＿

＿＿＿＿＿＿＿＿＿＿＿＿＿＿＿＿＿＿＿＿＿＿＿＿＿＿＿＿＿＿＿＿＿＿＿＿。

引导问题6: 前面做了这么多的分析,内容比较分散,不利于批量生产加工过程的流程化、标准化,怎么才能避免这个问题呢?

填了表2.1.3,同学们就明白了。

引导问题7: 每道工序里都做些什么?

请根据表2.1.3中划分的工序,在表2.1.4中填写工步内容和与之对应的参数值。

表2.1.3 机械加工工艺过程卡

机械加工工艺过程卡片

		班级	组别	零件号	零件名称

材料及材料消耗定额						
名称	牌号	规格	单件定额	零件净重	毛坯种类	每个毛坯可制零件数

总工艺路线

序号	工序内容	设备		工装					工时		优化工时		备注
		名称	型号	夹具	刀具	量具	辅具	辅料	单件工时	准备结束时间	单件工时	准备结束时间	

编制		审核		审定		共 页	第 页

表 2.1.4　机械加工工序卡

机械加工工序卡片

班级	组别	零件号	零件名称	工序号	工序名
			设备名称		
			设备型号		
			夹具名称		

工序工时	准终	单件

工步号	工步内容	工艺装备	主轴转速	进给量	背吃刀量	工步工时		优化工时	
						机动	辅助	机动	辅助

责任	签字	审核	审定	共　页	第　页

程序编制

引导问题 8：**我们编制程序的时候,是手动编程还是自动编程呢?**

工艺制订完成后,需要依据工艺编制程序。我们会发现在某些工序中零件特征或工艺等较复杂,建议自动编程,否则可以手动编程。具体使用哪种编程方法由编程岗自主确定。自动编程,则填写表 2.1.5。

表 2.1.5 程序编制记录卡

程序编制记录卡片				班级	组别	零件号	零件名称
序号	工序内容	编制方式(手/自)	完成情况	程序名	优化一	优化二	程序存放位置
责任		签字					

手动编程部分,可以把程序单写在表 2.1.6 中。

表 2.1.6 手工编程程序单

手工编程程序单			班级	组别	零件名称
行号	程序内容	备注	行号	程序内容	备注

续表

手工编程程序单			班级	组别	零件名称
行号	程序内容	备注	行号	程序内容	备注

小提示：滚花后工件直径大于滚花前直径,其差值 $\Delta \approx (0.8 \sim 1.6)\,m$。因此,编程时注意 $\phi 18$ 外圆实际的加工直径。

引导问题9：程序编制完成后,就可以直接导入机床进行加工吗?

程序编制过程中可能会出现一些错误,因此自动编程需要程序仿真,手动编程需要程序校验来验证程序的正确性和合理性。如果有不正确的或不合理的,请记录在表2.1.7中。

表2.1.7　程序验证改进表

序号	需要改动的内容	改进措施
1		
2		
3		
4		

操作实施

引导问题10：该做的前期工作已经做完,下面要进行机床操作,这是本课程的首次机床操作环节,最需要注意什么?（单选）

□ 对刀　　　□ 安全　　　□ 素养　　　□ 态度

操作前需要做以下工作:

(1)检查着装:安全帽,电工鞋,工作帽(女生),目镜,手套等。

(2)复习操作规范:烂熟于心。

(3)检查设备:设备的安全装置功能正常;熟悉急停按钮位置。

(4)检查医疗应急用品:碘附、创可贴、棉签、纱布、医用胶布等。

(5)现场环境的清理。

(6)诵号:技能诚可贵,安全价更高。

人身安全得不到保障,学得再好也无用。如果人的生命是1,知识技能是1后面的0,后面的0越多,说明技能水平越高,但如果1不在了,再多的0、再高的技能也失去意义,毕竟皮之不存,毛将焉附!

📝 思政小课堂

海恩瑞奇法则

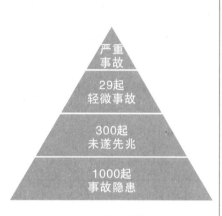

海恩瑞奇法则(Heinrich's Law)又称"海恩瑞希安全法则"和"300∶29∶1法则",是美国著名安全工程师海恩瑞奇(Herbert William Heinrich)提出的。海恩瑞奇法则是什么意思呢? 就是在生产中的意外事件中,每300起中就有29起是轻微事故,有1起是严重事故,如图2.1.5所示。生产过程不同则事故类型不同,而且也不一定按照300∶29∶1的比例,但这个统计规律依然有很强的现实意义,依然指明了意外事件或未遂事故的频繁出现,将会造成重大生产事故。因此,要重视未遂先兆或未遂事故,要防患于未然,要把事故的苗头扼杀在未遂事故出现时,不然终会大祸临头。

图2.1.5　海恩瑞奇法则

📝 引导问题11:**调焦钮上的滚花如何加工?**

_____

_____

_____

_____

能量点 ◄

滚花操作

1.滚花加工操作步骤:

(1)安装滚花刀。安装时,滚花刀的中心必须与工件回转中心等高,如图2.1.6所示使滚轮表面与工件表面呈3°~5°角。

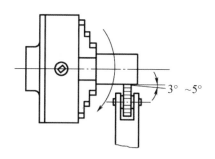

图 2.1.6 滚花刀安装

（2）试切。先手动使滚轮与工件表面部分接触（滚轮宽度的 1/3～1/2 的宽度），这样可以使滚花刀压入工件表面时比较容易。

（3）参数选择。原则：合适的低转速，进刀时较大压力，可使滚花刀在工件上压出较深的花纹。

（4）检查。在停车的前提下，看花纹质量是否合格。

（5）滚压。如果花纹质量符合要求，则浇切削液，加大进给量（0.3～0.6mm/r），纵向进刀滚花。

（6）往复滚压。往复 1～3 次，如果纹路比较清晰突出则可退刀停车。

（7）清洁。清理纹路里的切屑。

2. 滚花加工注意事项

（1）开始滚压时，刚与工件表面接触时，挤压要有力且快，形成较深的起始纹路，降低乱纹产生的概率。

（2）滚花时切削速度较低，一般为 5～10m/min。

（3）滚花过程中，切削液必须浇注充分，且应多次清除切屑。

（4）滚花应在精车之前，粗车之后。避免滚花时工件移位，造成位置精度误差。

（5）滚花时会产生很大的径向力，因此设备刚性必须足够，且工件和滚花刀都要装夹牢固。

（6）滚直纹时，要保证直纹与工件回转线平行，不然滚出的花纹不直。

（7）在滚压中，如果要清理切屑，不能用手或棉纱去触碰，也不能用毛刷去刷滚花刀与工件的咬合处，以防发生事故。

（8）进给量过小，压力过大时，大概率会滚压出台阶形凹坑。

（9）滚花时，一旦乱纹，立即退刀停车，寻找原因加以改进。

引导问题 12：在加工过程中，如何检测螺纹是否满足加工要求？

能量点

外螺纹检测

1.螺纹环规与塞规

螺纹环规是一种用来检测标准外螺纹中径的量具,两个为一套,一个通规,一个止规。两个环规的内螺纹中径分别按照标准螺纹中径的最大极限尺寸和最小极限尺寸制造。

止规在外圆柱面上有凹槽,当尺寸在100mm以上时,螺纹环规为双炳螺纹环规型式。螺距不大于0.35mm且2级精度以上的螺纹环规和螺距不大于0.8mm且3级精度以上的锥度环规都没有止规。

使用方法:分别将两个环规向要检测的外螺纹上拧,

(1)通规拧不进去,表示被检测外螺纹中径偏大,产品不合格;

(2)止规可以全部拧进去,表示被检测的外螺纹中径偏小,产品不合格;

(3)通规可以在外螺纹的任意位置自由转动,止规智能拧进去1~3圈,表示被检测的外螺纹中径在"公差带"内,是合格产品。

图2.1.7 螺纹环规与螺纹样板

2.螺纹样板

螺纹样板——用于检测螺纹的螺距,以一种螺距为一片,多片叠合起来的专用量具。

检测螺距:将螺纹样板组中齿形钢片作为样板,卡在被测螺纹上,如果密合不好就另换一片,直到密合为止。此时,该样板上标记的尺寸即为被测螺纹的螺距值。当将螺纹样板卡在螺纹牙廓上时,应尽可能卡在螺纹工作部分,此时测量结果较为准确。

检测牙形角:将与被测螺纹螺距相同的螺纹样板卡在螺纹上,检查接触情况。如果没有间隙透光,说明牙形角是正确的。如果透光明显,则说明被测螺纹与样板牙形角不符。

表2.1.8 螺纹样板规格

螺纹样板规格	
米制螺距(mm)(20片)	0.4、0.45、0.5、0.6、0.7、0.75、0.8、1、1.25、1.5、1.75、2、2.25、2.5、3、3.5、4、4.5、5、5.5、6
英制(24片)牙/英寸	4、4 1/2、5、6、7、8、9、10、11、12、13、14、16、18、20、22、24、25、26、2830、32、36、40、48、60

练一练

1.查《普通螺纹牙型、直径与螺距》表,确定普通粗牙螺纹M10的螺距(　　)。

A.1　　　　　　　　B.1.5　　　　　　　　C.1.75　　　　　　　　D.2

2.普通三角形外螺纹 M10 - 6g,在检测时用标记 M10 - 6g 的通规可以在上边任意位置自由转动,用标记 M10 - 6h 的止规只能旋进去 1 圈,则此螺纹尺寸是否合格(   )。

A. 是   B. 否   C. 不确定

【注意事项】

螺纹环规在使用时要与被测螺纹公差等级及偏差代号相同,公称直径相同,公差等级及偏差代号不同的环规不能混用。

使用螺纹样板测量螺纹牙型角知识粗略测量,只能判断牙形的大概情况,不能确定牙形角的准确数值。

质量检验

引导问题 13：加工生产出的零件是不是可以直接作为合格件入库？

零件加工完成后,需要质检员对零件质量进行检测,且检测合格后方可入库,同时质检员需填写表 2.1.9 检验卡片。如果检验不合格,需重做,并重新填写相应工艺表格,空白表格可从附录中获取。

表 2.1.9　质量检验卡

检验卡片				班级	组别	零件号	零件名
责任		签字				JJQM - 01	调焦钮
序号	检验项目	检验内容	技术要求	自测	检测	改进措施	改进成效
1	轮廓尺寸	$\phi 18^0_{-0.1}$	不得超差				
2		$\phi 14^0_{-0.1}$	不得超差				
3		$\phi 14^0_{-0.1}$	不得超差				
4		$\phi 10^0_{-0.1}$	不得超差				
5	长度	29 ± 0.1	不得超差				
6		25 ± 0.1	不得超差				
7		15 ± 0.1	不得超差				
8		10 ± 0.1	不得超差				
9	螺纹	$M12 \times 1.5$	不得超差				
10	其他	倒角	C1				
11		倒圆	R2				
12		表面粗糙度	Ra3.2				
13		网纹 m0.4	m0.4				
14		锐角倒钝	C0.2				

废弃管理

引导问题 14：**分析一下，废件质量为什么不合格？**

填写分析表 2.1.10。

表 2.1.10　废件分析表

序号	废件产生原因(why)	改进措施(how)	其他

能量点

滚花乱纹产生的原因及改进措施

表 2.1.11 提供的原因及措施供参考。

表 2.1.11　乱纹质量分析参考表

产生乱纹原因	改进措施
圆的周长不能被节距整除	把外圆直径车的比标注减少,使其能被整除
径向压力太小	起始要快力要大
转速过高造成滚轮与工件间打滑	降低转速
滚轮转动不灵或滚轮轴间隙太大	检查原因或调换滚轮轴
滚花刀齿磨损或切屑夹入刀齿	更换滚轮或清理切屑

引导问题 15：**加工中产生的切屑、废件等废弃物怎么处理？**

加工中产生的废弃物主要包括切屑、废件等,而废机油和更换切削液后的废液等都是在相应使用期限后才产生,因此不计入日常废弃物收集。请后勤员做好废物的收集,并做好表格 2.1.12 的记录工作。

表 2.1.12　废料收集记录卡

废料收集记录卡片					班级	组别	零件号	零件名称
序号	材质	类别	重量(kg)	存放位置	处理时间		收集人	备注

续表

废料收集记录卡片					班级	组别	零件号	零件名称
序号	材质	类别	重量(kg)	存放位置	处理时间		收集人	备注
责任		签字		审核			审定	

成本核算

引导问题 16：**生产调焦钮付出了多少成本？**

本任务采用成本核算方法中的平行结转分步法，因此只计算本任务中产生的生产费用，期间费用不在此任务中计算。请本组核算员根据设备实际使用情况填写表 2.1.13。相关计算见附录中成本核算部分。

表 2.1.13　生产成本核算表

生产成本核算表					班级	组别	零件号	零件名称
制造费用	电费/折旧	使用设备/用品	功率	使用时长	电力价格		电费	折旧费
	劳保	用品	规格	单价	数量		费用	备注
	刀具损失	刀具名称	规格	单价	数量		费用	备注
		小计						

续表

生产成本核算表			班级	组别	零件号	零件名称
材料费用	材料名称	牌号	用量	单价	材料费用	
	小计					
人工费用	岗位名称	工时	时薪	人工费用	备注	
	组长					
	编程员					
	操作员					
	检验员					
	核算员					
	后勤员				岗位数视情况	
	小计					
总计						
责任		签字		审核		审定

加工复盘

引导问题 17：支脚的加工已经结束，补齐非本人岗位的内容，并以班组为单位回顾一下整个过程，本人或本人的班组有没有成长？

新学的东西：_____

_____

_____

_____。

不足之处及原因：_____

_____

_____

_____。

经验总结：_____

_____

_____

_____

_____。

落地转化：＿＿＿＿＿＿＿＿＿＿＿＿＿＿＿＿＿＿＿＿＿＿＿＿＿＿＿＿＿＿＿＿＿

＿＿＿＿＿＿＿＿＿＿＿＿＿＿＿＿＿＿＿＿＿＿＿＿＿＿＿＿＿＿＿＿＿＿＿＿＿＿＿

＿＿＿＿＿＿＿＿＿＿＿＿＿＿＿＿＿＿＿＿＿＿＿＿＿＿＿＿＿＿＿＿＿＿＿＿＿＿＿

＿＿＿＿＿＿＿＿＿＿＿＿＿＿＿＿＿＿＿＿＿＿＿＿＿＿＿＿＿＿＿＿＿＿＿＿＿＿＿。

考核评价

引导问题 18：**本任务即将结束，同学们觉得本人的工作表现怎么样？**

在表 2.1.14 中本人岗位对应的位置做评价。

表 2.1.14　自评表

自评表					班级	组别	姓名	零件号	零件名称						
结构	内容	具体指标	配分	等级及分值					工艺员	编程员	操作员	检验员	核算员	后勤员	后勤员
				A	B	C	D	E							
工作业绩（50分）	完成情况	职责完成度	15	15	12	9	7	4							
		临时任务完成度	15	15	12	9	7	4							
	工作质效	积极主动	5	5	4	3	2	1							
		不拖拉	5	5	4	3	2	1							
		克难效果	5	5	4	3	2	1							
		信守承诺	5	5	4	3	2	1							
业务素质（20分）	业务水平	任务掌握度	5	5	4	3	2	1							
		知识掌握度	5	5	4	3	2	1							
		技能掌握度	5	5	4	3	2	1							
		善于钻研	5	5	4	3	2	1							
团队（15分）	团队	积极合作	5	5	4	3	2	1							
		互帮互助	5	5	4	3	2	1							
		班组全局观	5	5	4	3	2	1							
敬业（15分）	敬业	精益求精	5	5	4	3	2	1							
		勇担责任	5	5	4	3	2	1							
		出勤情况	5	5	4	3	2	1							
自评分数总得分															
考核等级：优(90~100)　良(80~90)　合格(70~80)　及格(60~70)　不及格(60以下)															

引导问题 19：**同学们觉得本人班组内各岗位人员工作表现怎么样？**

在表 2.1.15 的组内互评表中对其他组员做个评价吧。

表 2.1.15　互评表

互评表				班级		组别		姓名		零件号		零件名称		

结构	内容	具体指标	配分	等级及分值					工艺员	编程员	操作员	检验员	核算员	后勤员	后勤员
				A	B	C	D	E							
工作业绩（50分）	完成情况	职责完成度	15	15	12	9	7	4							
		临时任务完成度	15	15	12	9	7	4							
	工作质效	积极主动	5	5	4	3	2	1							
		不拖拉	5	5	4	3	2	1							
		克难效果	5	5	4	3	2	1							
		信守承诺	5	5	4	3	2	1							
业务素质（20分）	业务水平	任务掌握度	5	5	4	3	2	1							
		知识掌握度	5	5	4	3	2	1							
		技能掌握度	5	5	4	3	2	1							
		善于钻研	5	5	4	3	2	1							
团队（15分）	团队	积极合作	5	5	4	3	2	1							
		互帮互助	5	5	4	3	2	1							
		班组全局观	5	5	4	3	2	1							
敬业（15分）	敬业	精益求精	5	5	4	3	2	1							
		勇担责任	5	5	4	3	2	1							
		出勤情况	5	5	4	3	2	1							
互评分数总得分															
考核等级：优（90~100）　良（80~90）　合格（70~80）　及格（60~70）　不及格（60以下）															

引导问题 20：**老师对你所在的组有什么印象呢？**

教师逐次点评各组，并请指导老师在表 2.1.16 中对你的班组进行评价吧。

表 2.1.16　教师评价表

教师评价表				班级	姓名	零件号	零件名称
评价项目		评价要求	配分	评分标准			得分
任务环节表现	工艺制订	分析准确	3	不合理一处扣1分,漏一处扣2分,扣完为止			
		熟练查表	2	不熟练扣1分,不会无分			
	程序编制	编程规范	4	不规范一处扣1分,扣完为止			
		正确验证	4	验证错误或不合理且无改进,一处扣1分,扣完为止,无验证环节不得分			
	操作实施	操作规范	10	不规范一处扣1分,扣完为止			
		摆放整齐	3	摆放不整齐无分			
		加工无误	10	有一次事故无分			
		工件完整	3	有一处缺陷扣1分,扣完为止			
		安全着装	1	违反一处扣1分,扣完为止			
	质量检验	规范检测	4	不规范一处扣1分,扣完为止			
		质量合格	4	加工一次不合格扣2分,扣完为止			
	废料管理	正确分析	4	分析不正确一处扣1分,扣完为止			
		及时管理	3	放学即清,拖沓无分			
	成本核算	正确计算	3	概念不正确或计算错误无分			
		正确分析	2	成本分析不合理、不到位或错误无分			
	加工复盘	讨论热烈	2	不热烈无分			
		表述丰富	2	内容不足横线一半扣1分,不写无分			
		言之有物	2	内容不能落实,不具操作性无分			
	考核评价	自评认真	2	不认真无分			
		互评中立	2	不客观或有主观故意成分无分			
综合表现	团队协作	支持信任	5	有良性互动,一次加1分,加满为止			
		目标一致	5	多数组员一致加3分,全体一致满分			
	精神面貌	工作热情	5	一名组员热情加1分,加满为止			
		乐观精神	5	一名组员不畏难加2分,加满为止			
	沟通	交流顺畅	5	一名组员积极加1分,加满为止			
	批判	质疑发问	5	发问提建议,一次加1分,加满为止			
总评分			100	总得分			
		教师签字					

任务二 支脚制作

工作任务

表 2.2.1　任务卡

任务名称		实施场所	
班级		姓名	
组别		建议学时	8 学时
知识目标	1. 掌握零件总长控制的方法； 2. 掌握套丝的方法。		
技能目标	1. 能够把支脚总长控制到位； 2. 能够用板牙加工出合格的外螺纹； 3. 能够正确分析外螺纹质量。		
思政目标	8S:整理、整顿、清扫、清洁、素养、安全、节约、学习。		
教学重点			
教学难点			
任务图			
任务准备	毛坯尺寸	直径 20mm 的铝棒料	
	设备及附件	数控车床、卡盘扳手、刀架扳手	
	技术资料	数控机床操作规程、编程手册、机械手册等	
	劳保用品	帆布手套、工作服、电工鞋等	
学习任务环节设置			

	环节 1	环节 2	环节 3	环节 4	环节 5	环节 6	环节 7	环节 8
	工艺制订	程序编制	操作实施	质量检验	废弃管理	成本核算	加工复盘	考核评价
环节责任								
时长记录								

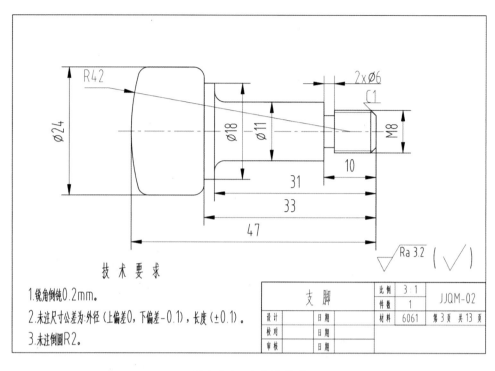

技术要求

1.锐角倒钝0.2mm。
2.未注尺寸公差为:外径(上偏差0,下偏差-0.1),长度(±0.1)。
3.未注倒圆R2。

支 脚	比例	3:1	JJQM-02
	件数	1	
设计 日期	材料	6061	第3页 共13页
校对 日期			
审核 日期			

图 2.2.1 支脚零件图

工艺制订

引导问题 1:读了零件图,你有没有发现有错漏或模糊的地方?

有的话请写下来。

_____。

引导问题 2:识读零件图,并按下列要求进行分析,并填写到相应的横线上。

结构分析:_____

_____

_____

_____

_____。

技术要求分析:_____

_____

_____

_____。

工艺措施:_____

_____

_____

_____。

小提示:本任务要求使用板牙加工 M8 外螺纹。

引导问题3:为了保证支脚加工质量,可以采用下列哪种或哪几种装夹方案?

班组讨论,并从附页中选择贴图,并撕下贴到本题目对应选项下方的虚线框中。

引导问题4:在支脚的加工过程中,需要用到的刀具有哪些? 这些刀具的规格又是什么样的?

班组讨论。在图 2.2.2 中所选择的刀具下方括号内打勾,并填表 2.2.2。

表中应填写的刀具包括但不限于图 2.2.2 中的刀具。

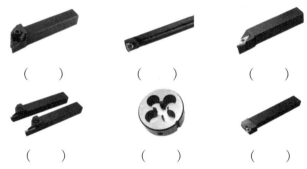

( )   ( )   ( )

( )   ( )   ( )

图 2.2.2 主要刀具备选池

表 2.2.2 刀具卡

刀具卡				班级	组别	零件号	零件名称
序号	刀具号	刀具名称	数量	加工表面	刀尖半径(mm)		刀具规格(mm)
1							
2							
3							
4							
5							
6							
责任		签字		审核		审定	

能量点1

套螺纹的工具

1.圆板牙:是外形像圆螺母的外螺纹加工工具,上面钻有排屑孔,一般 3~4 个,排屑孔的两端有起主要切削作用的刀刃,呈 60° 锥度。如图 2.2.3 所示。固定圆板牙的外周有一条深槽和 4 个用来定位、紧固的锥坑。

图 2.2.3 固定圆板牙和可调节圆板牙

图 2.2.4 板牙铰杠

2. 板牙铰杠:用来夹持板牙、传递扭矩的工具。以板牙外径规格为依据,制造了各种板牙铰杠。板牙铰杠如图 2.2.4 所示。

如图 2.2.5 所示,板牙铰杠的外圆周上有数个紧定螺钉和一只调松螺钉,板牙通过紧定螺钉牢牢固定在绞杠中,并传递扭矩。

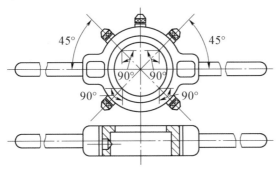

图 2.2.5 铰杠结构图

引导问题 5:需要按照什么样的工艺顺序来加工枪架? 应该拟定一个什么样的工艺路线?

完成下面的题目。

加工顺序,指在零件的生产过程中对各工序的顺序安排,又称工艺路线。工序是工艺路线的组成部分,通常包括切削工序、热处理工序和辅助工序。鉴于实训室的条件,可以只考虑切削工序和辅助工序。本环节的加工顺序独指切削加工工序的安排顺序。根据零件图和加工要求,勾选加工顺序安排的原则(可多选):

□ 先主后次原则　　□ 基面先行原则　　□ 先面后孔原则　　□ 先粗后精原则

□ 先内后外原则　　□ 工序集中原则　　□ 刚性破坏小原则

拟定工艺路线:_____

_____。

还有没有更好的工艺路线? 也写下来:_____

_____（没有可不填）

引导问题 6:前面做了这么多的分析,内容比较分散,不利于批量生产加工过程的流程化、标准化,怎么才能避免这个问题呢?

填了表 2.2.3,同学们就明白了。

引导问题 7:每道工序里都做些什么?

请根据表 2.2.3 中划分的工序,在表 2.2.4 中填写工步内容和与之对应的参数值。

表 2.2.3 机械加工工艺过程卡片

机械加工工艺过程卡片

名称	牌号	规格	材料及材料消耗定额 单件定额	零件净重	毛坯种类	每个毛坯可制零件数					班级	组别	零件号	零件名称
												总工艺路线		

序号	工序内容	设备 名称	设备 型号	工装 夹具	工装 刀具	工装 量具	工装 辅具	辅料	工时 单件工时	工时 准备结束时间	优化工时 单件工时	优化工时 准备结束时间	备注

编制		审核		审定		共 页 第 页

表 2.2.4　机械加工工序卡

机械加工工序卡片	班级	组别	零件号	零件名称	工序号	工序名
				设备名称		
				设备型号		
				夹具名称		
				工序工时	准终	
					单件	

工步号	工步内容	工艺装备	主轴转速	进给量	背吃刀量	工步工时		优化工时	
						机动	辅助	机动	辅助
责任	签字	审核	审定	共　页	第　页				

程序编制

📝 引导问题8：我们编制程序的时候，是手动编程还是自动编程呢？

工艺制订完成后，需要依据工艺编制程序。我们会发现在某些工序中零件特征或工艺等较复杂，建议自动编程，否则可以手动编程。具体使用哪种编程方法由编程岗自主确定。自动编程，则填写表，则填写表2.2.5。

表2.2.5　程序编制记录卡

程序编制记录卡片				班级	组别	零件号	零件名称
序号	工序内容	编制方式（手/自）	完成情况	程序名	优化一	优化二	程序存放位置
责任		签字					

手动编程部分，可以把程序单写在表2.2.6中。

表2.2.6　手工编程程序单

手工编程程序单			班级	组别	零件名称
行号	程序内容	备注	行号	程序内容	备注

续表

手工编程程序单			班级	组别	零件名称
行号	程序内容	备注	行号	程序内容	备注

引导问题 9：**程序编制完成后,就可以直接导入机床进行加工吗?**

程序编制过程中可能会出现一些错误,因此自动编程需要程序仿真,手动编程需要程序校验来验证程序的正确性和合理性。如果有不正确或不合理的,记录到表 2.2.7 中。

表 2.2.7 程序验证改进表

序号	需要改动的内容	改进措施
1		
2		
3		
4		
5		

操作实施

引导问题 10：**该做的前期工作已经做完,下面要进行机床操作,这是本课程的首次**

机床操作环节,最需要注意什么?（单选）

☐ 对刀　　☐ 安全　　☐ 素养　　☐ 态度

操作前需要做以下工作:

(1)检查着装:安全帽,电工鞋,工作帽(女生),目镜,手套等。

(2)复习操作规范:烂熟于心。

(3)检查设备:设备的安全装置功能正常;熟悉急停按钮位置。

(4)检查医疗应急用品:碘附、创可贴、棉签、纱布、医用胶布等。

(5)现场环境的清理。

(6)诵号:技能诚可贵,安全价更高。

引导问题 11:同学们套过丝吗? 把套丝的步骤写一写。

_____

_____

_____

能量点2

套螺纹

1.什么叫套螺纹?

套丝:用板牙在外圆上切出外螺纹的切削方法就叫套螺纹,也叫套丝。如图 2.2.6 所示。

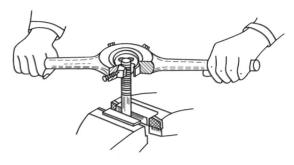

图 2.2.6　套螺纹

2.套螺纹之前有什么要求?

(1)计算外圆直径。套螺纹时,材料因挤压而发生塑性变形,牙顶会比理论值要高。因此,加工外圆直径时应当比螺纹的公称直径小。外圆直径太大,板牙套入困难;外圆直径太小,加工出的牙形不完整。

计算外圆直径的经验公式:

圆柱直径(mm)≈螺纹大径(mm)−0.13 倍螺距

圆柱直径也可以通过查询附录 9 获取。

(2)倒角。工件的轴端一定要倒角,通常倒角锥的母线与轴线夹角取 15°~20°,这样板牙就较易套入工件,如图 2.2.7 所示。倒角锥的小端直径要比螺纹小径稍小些,这样就能防止出现锋口和卷边,从而影响与螺母的旋入。

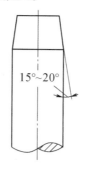

15°~20°

图 2.2.7 倒角

(3)装夹。套螺纹时,工件所受力矩很大,且是不易夹持的圆杆形,所以要用软材料做衬垫,才能装夹牢靠。工件要保持垂直,伸出钳口长度不宜太长。

3. 套螺纹怎么操作?

右手按住铰杠中间,垂直下加压力,左手推板牙铰杠顺向旋进板牙,压力要大,动作要缓,同时板牙端面要保持与工件轴线垂直。当旋入 1~2 圈时,马上检查垂直状况并纠正。当旋入 3~4 圈时,不要再垂直下压,只需要平稳转动,就可自然旋进,否则会使螺纹和板牙损伤。

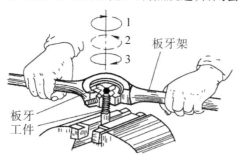

板牙架
板牙
工件

图 2.2.8 套螺纹操作图

4. 套螺纹时有什么要注意的?

(1)套螺纹时,板牙端面需与工件轴线垂直,否则螺纹两侧深浅不一,也有可能烂牙。

(2)为了断屑,板牙每转半圈至一圈,需倒转 1/4 圈。

(3)冷却液或润滑油可以提高螺纹质量,可以使板牙的使用寿命更长。一般浓度较高的乳化液、机油均可。

(4)套螺纹前,必须清除板牙中的切屑。

(5)起套时,要及时校准两个方向上的垂直度,否则会严重影响套丝质量。双手是否能用力均匀,是否能把控好力度,是必须用心掌握的套丝基本功。

引导问题 12:调头装夹后,支脚的总长度怎么控制?

_____

_____

能量点 3

轴类零件车削总长控制

回转体类零件车削加工完一头需要二次装夹,调头车削另一头。此时就需要按照零件图纸要求对工件总长进行控制。一般可采用径向法和轴向法,去除余量。

1. 径向法

(1) 工件加工完一头,将工件调头装夹至车床卡盘上,采用径向进刀的方法沿 X 负方向车端面,平端面之后沿 X 正方向退刀。

(2) 停车,测量工件长度 $L2$,$L2 - L1$ 即为工件需要去除的余量,$L1$ 为轴类零件的设计长度。

(3) 显示车床坐标,调整为相对坐标,并将相对坐标清零。调整 Z 值为 -1,启动主轴沿 X 负方向进刀,车削完成后沿 X 正方向退刀。以此类推,直至加工到余量不足 1mm。

(4) 最后一次进刀可直接将余量一次性去除,沿 X 负方向进刀,车削完成后沿 Z 正方向退刀。此时得到的工件总长,即为公称长度。

径向法刀具负切削刃磨损较大甚至有崩裂风险,单次吃刀量小,加工时间较长。但是此方法操作简单易于理解,适合初学者使用。走刀方式如图 2.2.9 所示

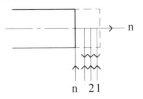

图 2.2.9　径向法走刀图示

2. 轴向法

轴向切削法主要利用主切削刃加工。主切削刃相比副切削刃刚性好,强度更高,所以刀具寿命更长。此加工方法,去除余量在粗精车循环中完成,加工质量较高,加工时间更短,而且不需要在工艺中设计单独的控制总长工序,加工效率更高,是生产中应用更为广泛的方法。加工开始前先平端面,然后测量工件总长度,用测得的数值减去公称长度,所得数值即为毛坯需要去除的多余量,可设其为 $Z1$。具体有如下 3 种方式:

(1) 对刀时输入 Z 偏置值为 0,在程序编制时所有 Z 值减去"多余量"。此时程序编制的加工起点从 $Z0$ 变为 $Z - Z1$。

(2) 对刀时输入 Z 偏置值为 0,Z 磨损减去"多余量",即输入 $-Z1$。编制程序时,粗车循环 G71 开始前的程序段,需要对 Z 值加上"多余量",粗车循环 G71 内的程序段按照正常编制。

(3) 对刀时输入 Z 偏置值为"多余量",即输入 $-Z1$。编制程序时,粗车循环 G71 开始前的程序段,需要对 Z 值加上"多余量",粗车循环 G71 内的程序段按照正常编制。

刀具偏置与刀具磨损的设置:点击"刀具补偿 F4",进入界面后点击"刀偏表 F1",即可进入如图 2.2.10 所示界面,即可对偏置与磨损数值进行设置。

刀具偏置——刀具位置沿平行于控制坐标方向上的补偿位移。数控车床在加工过程

中,所控制的是刀具刀尖的轨迹。为了方便起见,用户总是按零件轮廓编制加工程序,因而为了加工所需的零件轮廓,在进行加工时,刀具刀尖必须找到工件原点位置。通过对刀试切,分别找到工件原点相对车床原点的 X、Z 值,数控车床能根据此值实时自动生成刀具刀尖轨迹。

刀具磨损——随着切削作业时间的增加,刀具的磨损量持续增加,这必然导致工件的尺寸发生变化,影响工件的加工质量。在数控车削加工时,需要对刀具磨损进行补偿,以保证零件的尺寸精度。如车削后尺寸偏大,则需要在相应磨损里减去与公称尺寸的差值。如车削后尺寸偏小,则需要在相应磨损里加上与公称尺寸的差值。

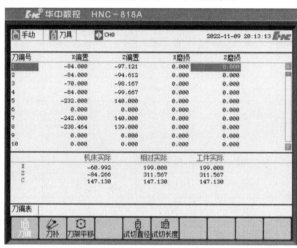

图 2.2.10　刀具磨损补偿界面

【注意事项】

(1)采用轴向时,编制程序时注意粗车循环 G71 程序段之前 Z 值,想好是用原值还是加上"多余量",避免发生撞刀事故。

(2)设置 Z 磨损值时注意正负号。

质量检验

引导问题 13:加工生产出的零件是不是可以直接作为合格件入库?

零件加工完成后,需要质检员对零件质量进行检测,且检测合格后方可入库,同时质检员需填写表 2.2.8 检验卡片。如果检验不合格,需重做,并重新填写相应工艺表格,空白表格可从附录中获取。

表 2.2.8　检验卡片

检验卡片				班级	组别	零件号	零件名
责任		签字				JJQM – 01	调焦钮
序号	检验项目	检验内容	技术要求	自测	检测	改进措施	改进成效
1	轮廓尺寸	$\phi 24^{0}_{-0.1}$	不得超差				
2		$\phi 18^{0}_{-0.1}$	不得超差				
3		$\phi 11^{0}_{-0.1}$	不得超差				
4		$\phi 6^{0}_{-0.1}$	不得超差				
5		R42	不得超差				
6	长度	47 ± 0.1	不得超差				
7		33 ± 0.1	不得超差				
8		31 ± 0.1	不得超差				
9		10 ± 0.1	不得超差				
10	螺纹	M8	不得超差				
11	其他	倒角	C1				
12		倒圆	R2				
13		表面粗糙度	Ra3.2				
14		锐角倒钝	C0.2				

废弃管理

引导问题 14：分析一下,废件质量为什么不合格?

填写分析表 2.2.9。

表 2.2.9　废件分析表

序号	废件产生原因(why)	改进措施(how)	其他

能量点4

套螺纹废件原因

表2.2.10中提供了套螺纹质量分析的一些参考。

表2.2.10 套螺纹质量分析参考表

废件	产生原因	其他
烂牙	1.圆杆直径太大； 2.板牙磨钝； 3.强行矫正已套歪的板牙； 4.套螺纹时没有经常倒转断屑； 5.未使用切削液。	
中径超差	1.圆杆直径选择不当； 2.板牙切入后仍加进给力。	
表面粗糙度超差	1.工件材料太软； 2.切削液选用不当； 3.套螺纹时板牙架左右晃动； 4.套螺纹时没有经常倒转断屑。	
歪斜	1.板牙端面与圆杆轴线不垂直； 2.套螺纹时板牙架左右晃动。	
牙深不够	1.圆杆直径太小； 2.用带调整槽的板牙套螺纹时，直径调节太大。	

引导问题15：加工中产生的切屑、废件等废弃物怎么处理？

加工中产生的废弃物主要包括切屑、废件等,而废机油和更换切削液后的废液等都是在相应使用期限后才产生,因此不计入日常废弃物收集。请后勤员做好废物的收集,并做好表2.2.11的记录工作。

表2.2.11 废料收集记录卡

废料收集记录卡片					班级	组别	零件号	零件名称
序号	材质	类别	重量(kg)	存放位置	处理时间		收集人	备注

废料收集记录卡片					班级	组别	零件号	零件名称
序号	材质	类别	重量(kg)	存放位置	处理时间		收集人	备注
责任		签字			审核		审定	

📖 思政小课堂

8S 管理

整理(1S):定义:分门别类,且清除不用的。

目的——腾地方。

整顿(2S):定义:用具定位、定量摆放,且整齐有序。

目的——节省找东西的时间。

清扫(3S):定义:清除脏污。

目的——保持工作环境干净明亮。

清洁(4S):定义:将 1S、2S、3S 规范化,制度化。

目的——通过制度化来维持成果。

素养(5S):定义:自觉依规行事。

目的——改变陋习,按规范操作。

安全(6S):定义:加强安全意识教育。

目的——化事故于无形。

节约(7S):定义:优化工艺、养成节约习惯。

目的:形成低成本思维。

学习(8S):定义:学理论知识,学实践技能,学职业素养。

目的——完善自我,提升本人综合素质。

成本核算

引导问题16：**生产支脚付出了多少成本？**

本任务采用成本核算方法中的平行结转分步法，因此只计算本任务中产生的生产费用，期间费用不在此任务中计算。请本组核算员根据设备实际使用情况填写表2.1.12。相关计算见附录中成本核算部分。

表 2.2.12　生产成本核算表

<table>
<tr><td colspan="3" rowspan="2">生产成本核算表</td><td>班级</td><td>组别</td><td>零件号</td><td>零件名称</td></tr>
<tr><td></td><td></td><td></td><td></td></tr>
<tr><td rowspan="8">制造费用</td><td rowspan="2">电费/折旧</td><td>使用设备/用品</td><td>功率</td><td>使用时长</td><td>电力价格</td><td>电费</td><td>折旧费</td></tr>
<tr><td></td><td></td><td></td><td></td><td></td><td></td></tr>
<tr><td rowspan="2">劳保</td><td>用品</td><td>规格</td><td>单价</td><td>数量</td><td>费用</td><td>备注</td></tr>
<tr><td></td><td></td><td></td><td></td><td></td><td></td></tr>
<tr><td rowspan="2">刀具损失</td><td>刀具名称</td><td>规格</td><td>单价</td><td>数量</td><td>费用</td><td>备注</td></tr>
<tr><td></td><td></td><td></td><td></td><td></td><td></td></tr>
<tr><td colspan="7">小计</td></tr>
<tr><td colspan="7"></td></tr>
<tr><td rowspan="4">材料费用</td><td>材料名称</td><td>牌号</td><td>用量</td><td>单价</td><td colspan="2">材料费用</td></tr>
<tr><td></td><td></td><td></td><td></td><td colspan="2"></td></tr>
<tr><td></td><td></td><td></td><td></td><td colspan="2"></td></tr>
<tr><td colspan="6">小计</td></tr>
<tr><td rowspan="8">人工费用</td><td>岗位名称</td><td>工时</td><td>时薪</td><td>人工费用</td><td colspan="2">备注</td></tr>
<tr><td>组长</td><td></td><td></td><td></td><td colspan="2"></td></tr>
<tr><td>编程员</td><td></td><td></td><td></td><td colspan="2"></td></tr>
<tr><td>操作员</td><td></td><td></td><td></td><td colspan="2"></td></tr>
<tr><td>检验员</td><td></td><td></td><td></td><td colspan="2"></td></tr>
<tr><td>核算员</td><td></td><td></td><td></td><td colspan="2"></td></tr>
<tr><td>后勤员</td><td></td><td></td><td></td><td colspan="2">岗位数视情况</td></tr>
<tr><td colspan="6">小计</td></tr>
<tr><td colspan="7">总计</td></tr>
<tr><td>责任</td><td colspan="2">签字</td><td colspan="2">审核</td><td colspan="2">审定</td></tr>
</table>

加工复盘

引导问题 17：支脚的加工已经结束,补齐非本人岗位的内容,并以班组为单位回顾下整个过程,本人或本人的班组有没有成长?

新学到的东西：_____

_____

_____

_____ 。

不足之处及原因：_____

_____

_____

_____ 。

经验总结：_____

_____

_____

_____ 。

落地转化：_____

_____

_____

_____ 。

考核评价

引导问题 18：经过复盘,同学们觉得本人的工作表现怎么样?

在表 2.2.13 中本人岗位对应的位置做评价。

表 2.2.13　自评表

自评表				班级		组别		姓名	零件号		零件名称		

结构	内容	具体指标	配分	等级及分值					工艺员	编程员	操作员	检验员	核算员	后勤员	后勤员
				A	B	C	D	E							
工作业绩 (50 分)	完成情况	职责完成度	15	15	12	9	7	4							
		临时任务完成度	15	15	12	9	7	4							
	工作质效	积极主动	5	5	4	3	2	1							
		不拖拉	5	5	4	3	2	1							
		克难效果	5	5	4	3	2	1							
		信守承诺	5	5	4	3	2	1							

续表

自评表					班级		组别		姓名	零件号		零件名称			
结构	内容	具体指标	配分	等级及分值					工艺员	编程员	操作员	检验员	核算员	后勤员	后勤员
				A	B	C	D	E							
业务素质（20分）	业务水平	任务掌握度	5	5	4	3	2	1							
		知识掌握度	5	5	4	3	2	1							
		技能掌握度	5	5	4	3	2	1							
		善于钻研	5	5	4	3	2	1							
团队（15分）	团队	积极合作	5	5	4	3	2	1							
		互帮互助	5	5	4	3	2	1							
		班组全局观	5	5	4	3	2	1							
敬业（15分）	敬业	精益求精	5	5	4	3	2	1							
		勇担责任	5	5	4	3	2	1							
		出勤情况	5	5	4	3	2	1							
自评分数总得分															
考核等级：优（90～100） 良（80～90） 合格（70～80） 及格（60～70） 不及格（60以下）															

📖 引导问题19：同学们觉得本人班组内各岗位人员工作表现怎么样？

在表2.2.14的组内互评表中对其他组员做个评价吧。

表2.2.14 组内互评表

互评表					班级		组别		姓名	零件号		零件名称			
结构	内容	具体指标	配分	等级及分值					工艺员	编程员	操作员	检验员	核算员	后勤员	后勤员
				A	B	C	D	E							
工作业绩（50分）	完成情况	职责完成度	15	15	12	9	7	4							
		临时任务完成度	15	15	12	9	7	4							
	工作质效	积极主动	5	5	4	3	2	1							
		不拖拉	5	5	4	3	2	1							
		克难效果	5	5	4	3	2	1							
		信守承诺	5	5	4	3	2	1							
业务素质（20分）	业务水平	任务掌握度	5	5	4	3	2	1							
		知识掌握度	5	5	4	3	2	1							
		技能掌握度	5	5	4	3	2	1							
		善于钻研	5	5	4	3	2	1							

互评表				班级	组别		姓名		零件号		零件名称	
结构	内容	具体指标	配分	等级及分值					工艺员	编程员	操作员	检验员	核算员	后勤员	后勤员

结构	内容	具体指标	配分	A	B	C	D	E	工艺员	编程员	操作员	检验员	核算员	后勤员	后勤员
团队 (15分)	团队	积极合作	5	5	4	3	2	1							
		互帮互助	5	5	4	3	2	1							
		班组全局观	5	5	4	3	2	1							
敬业 (15分)	敬业	精益求精	5	5	4	3	2	1							
		勇担责任	5	5	4	3	2	1							
		出勤情况	5	5	4	3	2	1							
互评分数总得分															
考核等级:优(90~100)　　良(80~90)　　合格(70~80)　　及格(60~70)　　不及格(60以下)															

引导问题 20:在整个任务完成过程中,各生产组表现如何?

教师逐次点评各组,并请指导老师在表 2.1.15 中对你的班组进行评价吧。

表 2.2.15　教师评价表

教师评价表				班级	姓名	零件号	零件名称	
评价项目		评价要求	配分	评分标准				得分
任务环节表现	工艺制订	分析准确	3	不合理一处扣1分,漏一处扣2分,扣完为止				
		熟练查表	2	不熟练扣1分,不会无分				
	程序编制	编程规范	4	不规范一处扣1分,扣完为止				
		正确验证	4	验证错误或不合理且无改进,一处扣1分,扣完为止,无验证环节不得分				
	操作实施	操作规范	10	不规范一处扣1分,扣完为止				
		摆放整齐	3	摆放不整齐无分				
		加工无误	10	有一次事故无分				
		工件完整	3	有一处缺陷扣1分,扣完为止				
		安全着装	1	违反一处扣1分,扣完为止				
	质量检验	规范检测	4	不规范一处扣1分,扣完为止				
		质量合格	4	加工一次不合格扣2分,扣完为止				
	废料管理	正确分析	4	分析不正确一处扣1分,扣完为止				
		及时管理	3	放学即清,拖沓无分				

续表

教师评价表			班级	姓名	零件号	零件名称	
评价项目		评价要求	配分	评分标准			得分
任务环节表现	成本核算	正确计算	3	概念不正确或计算错误无分			
		正确分析	2	成本分析不合理、不到位或错误无分			
	加工复盘	讨论热烈	2	不热烈无分			
		表述丰富	2	内容不足横线一半扣1分,不写无分			
		言之有物	2	内容不能落实,不具操作性无分			
	考核评价	自评认真	2	不认真无分			
		互评中立	2	不客观或有主观故意成分无分			
综合表现	团队协作	支持信任	5	有良性互动,一次加1分,加满为止			
		目标一致	5	多数组员一致加3分,全体一致满分			
	精神面貌	工作热情	5	一名组员热情加1分,加满为止			
		乐观精神	5	一名组员不畏难加2分,加满为止			
	沟通	交流顺畅	5	一名组员积极加1分,加满为止			
	批判	质疑发问	5	发问提建议,一次加1分,加满为止			
总评分			100	总得分			
		教师签字					

任务三　管模制作

工作任务

表 2.3.1　任务卡

任务名称			实施场所	
班级			姓名	
组别			建议学时	12 学时
知识目标	1.掌握增加细长轴加工刚性的方法; 2.掌握细长轴车削刀具的选择; 3.掌握细长轴车削用量的选择; 4.掌握细长轴质量缺陷的分析。			
技能目标	1.能够加工出合格的细长轴; 2.能够根据加工缺陷提出改进措施。			
思政目标	家国情怀,爱国精神			
教学重点	细长轴加工			
教学难点	细长轴加工			
任务图				
任务准备	毛坯尺寸	直径 15mm 的铝棒料		
	设备及附件	数控车床、卡盘扳手、刀架扳手		
	技术资料	数控机床操作规程、编程手册、机械手册等		
	劳保用品	帆布手套、工作服、电工鞋等		

学习任务环节设置								
	环节 1	环节 2	环节 3	环节 4	环节 5	环节 6	环节 7	环节 8
	工艺制订	程序编制	操作实施	质量检验	废弃管理	成本核算	加工复盘	考核评价
环节责任								
时长记录								

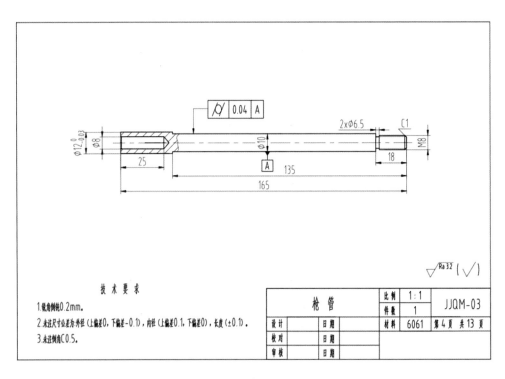

图 2.3.1 管模块零件图

工艺制订

📋 引导问题 1：读了零件图，你有没有发现错漏、模糊或读不明白的地方？

有的话请写下来。

_____ 。

📋 引导问题 2：读了零件图，有没有发现某个或某些特征与其他零件相似？有哪些可

以借鉴的地方？

_____

_____ 。

📋 引导问题 3：识读零件图，并按下列要求分析，并填写到相应的横线上。

结构分析：_____

_____

_____

_____ 。

技术要求分析：_____

_____

_____

_____ 。

工艺措施：_____

_____

_____

_____。

细长轴定义与特点

通常轴的长度与直径比大于 $20\sim25$（即 $L/d\geqslant20\sim25$）的轴称之为细长轴。通常在车床上进行细长轴零件的加工。细长轴的刚性差，加工过程中产生的径向切削力和切削热很容易使其产生弯曲变形，导致加工出的零件两头细、中间粗。弯曲变形后，在重力和离心力的作用下，工件产生振动，表面粗糙度也受到影响。轴的长径比越大，越难车削，车工怕杆就是这个原因。所以，变形问题是车削细长轴时必然要面对及解决的。

引导问题4：**为了保证管模块加工质量，采用哪种或哪些装夹方案呢？**

班组讨论，并从附页中选择贴图，并撕下贴到本题目对应选项下方的虚线框中。

细长轴装夹

1. 装夹方式

在数控车削中，长轴类零件通常采用两顶尖或一夹一顶的方式装夹。但是细长轴两顶尖装夹的话，虽然可以准确定位并保证同轴度，但是自身重力会造成工件弯曲，从而造成顶尖与中心孔不能良好接触，切削过程中，在径向切削力和离心力的双重作用下，细长轴将脱离顶尖甩出。因此双顶尖装夹不适合细长轴。

一夹一顶装夹细长轴时，因为一端由卡盘装夹，避免了双顶尖装夹工件加工时的甩出。一夹一顶装夹时，通常把钢丝圈垫在卡爪内侧装夹，钢丝圈钢丝直径取 $3\sim5\text{mm}$，这样就能让细长轴自动进行位置调节，避免了弯曲力矩的产生；尾座顶尖选用弹性活动顶尖，可以对加工中的热伸长量进行补偿，但对弹性活动顶尖的圆跳动量有要求，要小于或等于细长轴公差的 $1/3$ 倍。采用这种装夹方式时，注意接触力不能太大，以免顶尖把工件顶弯曲变形。

图2.3.2　一夹一顶装夹方式

2.辅助支承安装

车削细长轴时,为了补足工件的刚性,一般需要增加辅助支承,来避免工件因刚性不足而发生的弯曲变形。中心架或跟刀架是经常使用的辅助支承。

中心架:如图2.3.3所示。在细长轴的长径比不大、加工精度不太高、允许分段切削或调头切削的情况下,通常使用中心架。使用时,需要在工件上留出安放支撑爪的位置。由于中心架的支撑爪直接支承在工件的中部位置,使得长径比减小了1/2,刚性则增长数倍,有效避免了加工时的弯曲变形。

图 2.3.3　中心架

但是在长径比较大的细长轴上留出一段位置不太容易,因而在车削长径比较大的细长轴时一般不使用中心架,而使用跟刀架。

跟刀架:跟刀架顾名思义,可以跟着车刀的移动而移动,增加刚性的同时又能抵消径向切削分力,减少变形,有效保证了工件的形状精度,使工件的表面粗糙度也得到提高。跟刀架有两爪跟刀架和三爪跟刀架。在车削细长轴时,在离心力的作用下两爪跟刀架会周期性地与工件表面脱离,产生振动,从而影响细长轴的加工质量。而三爪跟刀架的三个支撑爪和刀具有效固定了细长轴,使之不能够因径向切削力和离心力与跟刀架支承脱离,从而有效减轻了振动。因此在车削细长轴时,选择三爪跟刀架才是有效提高工件系统刚性的途径。跟刀架的中心与顶尖必须重合于主轴轴线(图2.3.4)。如果跟刀架中心与主轴轴线不重合,可用圆柱铰刀或圆柱铣刀修正跟刀架支承头。

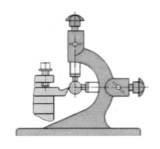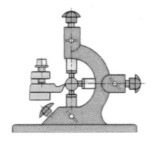

图 2.3.4　两支承跟刀架与三支承跟刀架

使用跟刀架时,操作者可用手调节支承头对工件的接触,要确保二者的接触良好,压力适中。如果二者的接触压力过小或轻微挨触,就起不到支承作用,就不能有效补偿刚性,就不能有效降低振动与变形,就会引发椭圆形、竹节形等误差,也会增大表面粗糙度。如果二者的接触压力过大,工件会被顶向车刀,导致吃刀深度增加,实际车削出的直径会变小,当跟刀架移动到小直径处时,工件与支承头脱离,与此同时工件在车刀径向切削力的作用下向后让开,造成实际吃刀深度变小,实际车削出的直径变大,再之后,跟刀架移动到刚车削出的大直径外圆上,工件再次被顶向车刀,实际车削出的直径变小,就这样周而复始的直径变大变小,就形成了"竹节形"误差。

引导问题5:**在加工管模块的时候,除了装夹方式外,还有没有其他方法可以减少加工过程中的工件变形?**

还可以通过改变走刀方式,通过反向进给增加工件刚性(图2.3.5)。

反向进给是指刀具从主轴卡盘向尾座方向进给。在通常的走刀过程中,刀具的轴向切削力与工尾座的顶持力方向相同,二力叠加,弯曲叠加,变形加重。如果采取相反的进给方向,尾座的顶持力方向不变,而轴向切削分力方向相逆,二力部分抵充,变形减小,振动减弱,可有效提高零件加工质量。一般情况下,反向进给的同时,采用弹性顶尖,因为弹性顶尖可对尾架侧工件的受压变形和热伸长量进行有效补偿,有效减少工件变形,加工质量最佳。

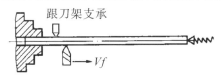

图2.3.5 反向进给法

引导问题6:**在管模块的加工过程中,需要用到的刀具有哪些? 这些刀具的规格又是什么样的?**

班组讨论。在图2.3.6中所选择的刀具下方括号内打钩,并填表2.3.2。

表中应填写的刀具包括但不限于表2.3.2中的刀具。

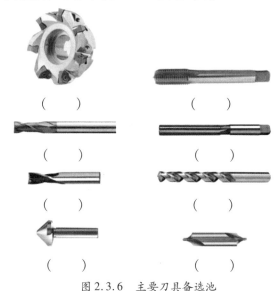

图2.3.6 主要刀具备选池

表 2.3.2　刀具卡

刀具卡				班级	组别	零件号		零件名称	
序号	刀具号	刀具名称	数量	加工表面	刀尖半径(mm)		刀具规格(mm)		
1									
2									
3									
4									
5									
6									
责任		签字		审核			审定		

能量点3

细长轴车削刀具角度选择

车削细长轴时,减小弯曲变形的一个有效途径是选择合理的刀具角度。在刀具角度中,合理的前角、主偏角和刃倾角可以减小切削力,尤其是减小径向切削力,从而减少细长轴的弯曲变形。从车削钢料时得知:当前角 γ 增大 10°,径向分力 Fr 可以减少 30%;主偏角 Kr 增大 10°,径向分力 Fr 可以减少 10% 以上;刃倾角 λs 取负值时,径向分力 Fr 也有所减少。

前角(γ):前角对切削力、切削温度和切削功率有直接影响。随着前角增大,切削力显著减小,工件振动改善。前角一般取 $\gamma = 13° \sim 17°$。

主偏角(Kr):主要的影响径向切削力的因素就是主偏角。因为其对 3 个切削分力的大小和比例关系有明显影响。当背吃刀量和进给量保持不变,主偏角越大径向切削分力越小,振动幅度也越小。因此应选较大的主偏角,但是主偏角太大会影响刀具的强度。主偏角一般在 85° ~ 93° 间选取。

刃倾角(λs):刃倾角对切屑流向、刀尖强度及 3 个切削分力的比例关系都有影响。刃倾角越大,径向切削力越小,但轴向切削力和切向切削力却增大。当刃倾角的角度介于 $-10°\sim +10°$ 时,3 个切削分力的具有合理的比例关系。车削细长轴时,为了使切屑流向待加工表面,常采用 $+5°\sim +10°$ 的正刃倾角。

刀尖圆弧半径 rs:刀尖圆弧可以保证切削刃尖的锋利、改善刀尖散热条件和增强刀尖强度。刀尖圆弧半径 rs 越大,径向分力就越大,为防止振动,rs 应越小越好。然而 rs 越小,刀具寿命越低,也不利于改善零件的表面粗糙度。在车削细长轴时,应 $rs \leq 3mm$。

后角 $\alpha 0$:后角通常对切削稳定性影响不大,但是当后角处于 2° ~ 3° 时,振动显著改善。

副后角 $\alpha' 0$:控制在 4° ~ 6°。

引导问题 7:需要按照什么样的工艺顺序来加工枪管？应该拟定一个什么样的工艺路线？

完成下面的题目。

加工顺序,指在零件的生产过程中对各工序的顺序安排,又称工艺路线。工序是工艺路线的组成部分,通常包括切削工序、热处理工序和辅助工序。鉴于实训室的条件,可以只考虑切削工序和辅助工序。根据零件图和加工要求,勾选加工顺序安排的原则(可多选):

☐ 先主后次原则　　　☐ 基面先行原则　　　☐ 先面后孔原则

☐ 先粗后精原则　　　☐ 先内后外原则　　　☐ 工序集中原则

☐ 刚性破坏小原则

拟定工艺路线:＿＿＿＿＿＿＿＿＿＿＿＿＿＿＿＿＿＿＿＿＿＿＿＿＿＿＿＿＿

＿＿＿＿＿＿＿＿＿＿＿＿＿＿＿＿＿＿＿＿＿＿＿＿＿＿＿＿＿＿＿＿＿＿＿。

还有没有更好的工艺路线?也写下来:＿＿＿＿＿＿＿＿＿＿＿＿＿＿＿＿＿＿＿

＿＿＿＿＿＿＿＿＿＿＿＿＿＿＿＿＿＿＿＿＿＿＿＿＿＿＿＿＿＿＿＿＿＿＿。

引导问题 8:前面做了这么多的分析,内容比较分散,不利于批量生产加工过程的流程化、标准化,怎么才能避免这个问题呢?

填了表 2.3,同学们就明白了。

引导问题 9:每道工序里都做些什么?

请根据表 2.3.3 中划分的工序,在表 2.3.4 中填写工步内容和与之对应的参数值。

表 2.3.3 机械加工工艺过程卡

机械加工工艺过程卡片

		班级	组别	零件号	零件名称
			总工艺路线		

材料及材料消耗定额

名称	牌号	规格	单件定额	零件净重	毛坯种类	每个毛坯可制零件数

序号	工序内容	设备		工装				工时		优化工时		备注
		名称	型号	夹具	刀具	量具	辅具	单件工时	准备结束时间	单件工时	准备结束时间	

编制		审核		审定		共 页	第 页

表 2.3.4 机械加工工序卡

机械加工工序卡片		班级	组别	零件号	零件名称		工序号	工序名
					设备名称			
					设备型号			
					夹具名称			
					工序工时	准终		
						单件		
工步号	工步内容	工艺装备	主轴转速	进给量	背吃刀量	工步工时		优化工时	
						机动	辅助	机动	辅助
责任	签字	审核	审定		共 页	第 页

能量点 4

车削细长轴切削用量

切削速度(v):提高切削速度可以使切削力降低。原因是增大切削速度,就会使切削温度升高,从而减小切削刃与工件间的摩擦力,继而减小细长轴的变形。然而太大的切削速度也会使细长轴在离心力的作用下产生振动和弯曲变形,因此对长径比大的细长轴零件,切削速度不宜过度,要适当降低。一般,切削速度介于 $30 \sim 70\text{m/min}$ 时,振动加强,这个范围之外,振动减弱。因此,当工件的直径 $\phi < 10\text{mm}$ 时,切削速度取 $v \leqslant 30\text{m/min}$;当工件的直径 $\phi > 10\text{mm}$ 时,切削速度取 $v \geqslant 70\text{m/min}$。如果是硬质合金刀具,切削速度通常为 $450 \sim 750\text{r/min}$。

切削速度和主轴转速之间的关系:

$$n = 1000 \times v/(\pi \times D)$$

其中:n——主轴或工件转速,单位为 r/min;v——切削速度,单位为 m/min;D——工件直径,单位为 mm。

进给量(f):增大进给量会使切削力增大,但是并不是成比例增大,所以细长轴的受力变形系数反而有所下降。增大进给量比增大切削深度更有利于切削效率的提高。增大进给量 f 能够减小振动,因此在机床刚性、功率等条件允许的前提下,应选取较大的进给量。一般,粗车时进给量取 $0.2 \sim 0.3\text{mm/r}$,精车时进给量应按表面粗糙度要求选取,要求高,进给量要小,但也不能太小,太小表面粗糙度反而更差,一般取 $0.1 \sim 0.2\text{mm/r}$。

背吃刀量(ap):如果工艺系统刚性是确定的,那么背吃刀量越大,产生的切削力和切削热也越大,变形和振动也就越大。因此对于刚性极差的细长轴零件加工,应尽可能选取小的背吃刀量。粗车时背吃刀量 ap 可取 1.5mm,精车时背吃刀量 ap 可取 0.3mm。

程序编制

引导问题 10:我们编制程序的时候,是手动编程还是自动编程呢?

工艺制订完成后,需要依据工艺编制程序。我们会发现在某些工序中零件特征或工艺等较复杂,建议自动编程,否则可以手动编程。具体使用哪种编程方法由编程岗自主确定。自动编程,则填写表 2.3.5。

表 2.3.5 程序编制记录卡

程序编制记录卡片			班级	组别	零件号	零件名称
序号	工序内容	编制方式(手/自)	完成情况	程序名	优化一	优化二	程序存放位置
责任		签字					

手动编程部分,可以把程序单写在表2.3.6中。

表 2.3.6　手工编程程序单

手工编程程序单			班级	组别	零件名称
行号	程序内容	备注	行号	程序内容	备注

引导问题 11：程序编制完成后，就可以直接导入机床进行加工吗？

程序编制过程中可能会出现一些错误，因此自动编程需要程序仿真，手动编程需要程序校验来验证程序的正确性和合理性。如果有不正确或不合理的，记录到表 2.3.7 中。

表 2.3.7 程序验证改进表

序号	需要改动的内容	改进措施
1		
2		
3		
4		

操作实施

引导问题 12：该做的前期工作已经做完，下面要进行机床操作，这是本课程的首次机床操作环节，最需要注意什么？（单选）

□ 对刀　　　　□ 安全　　　　□ 素养　　　　□ 态度

操作前需要做以下工作：

（1）检查着装：安全帽，电工鞋，工作帽（女生），目镜，手套等。

（2）复习操作规范：烂熟于心。

（3）检查设备：设备的安全装置功能正常；熟悉急停按钮位置。

（4）检查医疗应急用品：碘附、创可贴、棉签、纱布、医用胶布等。

（5）现场环境的清理。

（6）诵号：技能诚可贵，安全价更高。

引导问题 13：在加工枪管过程中，有哪些需要注意的地方？

_____

_____

_____

_____

能量点 5

注意事项

（1）车削前，调整尾座中心与车床主轴轴线的同轴度，避免细长轴产生锥度。

（2）粗车时，为了不影响跟刀架的正常跟随，必须保证一次车削掉所有的氧化层，所以第一刀的背吃刀量很重要。

（3）在细长轴车削时，应当时常关注跟刀架支承与工件表面的接触情况以及支承的磨损程度，并及时应对。

（4）车削过程中，一旦发现竹节形、腰鼓形、振纹等质量缺陷时，要立即进行相关应对。

（5）车削过程中，为了能有效减少热变形，也为了润滑跟刀架支承与工件的接触面，要始终切削液浇注。

引导问题 14：在加工枪管时，有没有发生意料外的问题？你又是如何解决的？

_____

_____

_____。

引导问题 15：看着手中握着的枪管，你会想到什么？

_____

_____

_____。

思政小课堂

抗美援朝

"雄赳赳、气昂昂，跨过鸭绿江……"今天，再次唱响《中国人民志愿军战歌》，旋律激昂穿时空，英雄赞歌久回荡。

抗美援朝战争的全称是"伟大的抗美援朝、保家卫国战争"，表明中国人民志愿军出国作战是为了援助朝鲜人民，是为了抗击美国侵略，也是为了美丽的祖国不受到侵犯、不让近代以来任人宰割的屈辱历史重演，是一场结合了爱国主义情操与国际主义情怀的战争。爱国主义是中华民族最重要的精神财富，是中国人民和中华民族维护民族独立、民族尊严的强大精神动力。习近平总书记在纪念中国人民志愿军抗美援朝出国作战 70 周年大会上发表重要讲话指出：抗美援朝战争伟大胜利，将永远铭刻在中华民族的史册上！永远铭刻在人类和平、发展、进步的史册上！

图 2.3.7　抗美援朝

质量检验

引导问题 16：加工生产出的零件是不是可以直接作为合格件入库？

零件加工完成后，需要质检员对零件质量进行检测，且检测合格后方可入库，同时质检员需填写检验卡片。如果检验不合格，需重做，并重新填写相应工艺表格，空白表格可从附录中获取。

表 2.3.8　质量检验卡

检验卡片				班级	组别	零件号	零件名
责任		签字				JJQM-01	调焦钮
序号	检验项目	检验内容	技术要求	自测	检测	改进措施	改进成效
1	轮廓尺寸	$\phi 18^{0}_{-0.1}$	不得超差				
2		$\phi 14^{0}_{-0.1}$	不得超差				
3		$\phi 14^{0}_{-0.1}$	不得超差				
4		$\phi 10^{0}_{-0.1}$	不得超差				
5	长度	165 ± 0.1	不得超差				
6		135 ± 0.1	不得超差				
7		18 ± 0.1	不得超差				
8	螺纹	M8	不得超差				
9	其他	倒角	C1				
10		倒角	C0.5				
11		表面粗糙度	Ra3.2				
12		锐角倒钝	C0.2				
13	形位公差	圆柱度	0.04				

废弃管理

引导问题 17：**分析一下,废件质量为什么不合格?**

填写下面分析表。

表 2.3.9　废件原因分析表

序号	废件产生原因(why)	改进措施(how)	其他

能量点6

枪管缺陷分析

表 2.3.10　枪管质量分析参考表

问题	原因	改进措施
径向跳动	机床主轴间隙过大	对机床主轴进行调整
弯曲变形	切削力过大	采用双刀切削法； 采用跟刀架或中心架作辅助支撑； 采用反向切削法车削； 选择合理的刀具角度和切削用量
	工件受热伸长,轴向受挤压变形	采用弹性活动顶尖； 选择合理的刀具角度和切削用量
振动波纹	跟刀架支承与工件接触不良	加工前应将跟刀架支承按能量站2中的方法修整。
	跟刀架爪对工件压力过大或过小	随时检查压力变化情况,及时调整。
	顶尖轴承松动或圆柱度超差	更换精度高的活顶尖。
锥度	尾座顶尖与主轴中心不同轴	校正尾座顶尖与车床主轴轴线的同轴度。
	车床导轨与主轴中心线不平行	调整车床主轴与床身导轨的平行度。
	刀具磨损	选择合适的刀具和合理的刀具几何角度。
	工件刚性不够	合理使用辅助支承,增加工件的装夹刚性。
竹节形	车床大拖板和中拖板的间隙过大	调整机床大拖板和中拖板间隙,增强机床刚性。
	跟刀架外侧支承爪调整过紧	调整跟刀架支承与工件接触松紧。
腰鼓形	跟刀架支承与工件接触不良或接触面过小	调整跟刀架支承与工件接触松紧。
	跟刀架支承的接触面磨损过快	选择耐磨性好的跟刀架的。
	跟刀架支承与工件表面间的空隙越来越大	车削时采用较高的切削速度,小的背吃刀量和进给量,增加工艺系统刚性,减小吃刀抗力,以减少工件变形。

引导问题18:加工中产生的切屑、废件等废弃物怎么处理?

加工中产生的废弃物主要包括切屑、废件等,而废机油和更换切削液后的废液等都是在相应使用期限后才产生,因此不计入日常废弃物收集。请后勤员做好废物的收集,并做好表格记录工作。

表 2.3.11 废料收集记录卡

废料收集记录卡片			班级	组别	零件号	零件名称
序号	材质	类别	重量(kg)	存放位置	处理时间	收集人	备注
责任		签字		审核		审定	

成本核算

引导问题 19：生产枪管付出了多少成本？

本任务采用成本核算方法中的平行结转分步法，因此只计算本任务中产生的生产费用，期间费用不在此任务中计算。请本组核算员根据设备实际使用情况填写下表。相关计算见附录中成本核算部分。

表 2.3.12 生产成本核算表

生产成本核算表			班级	组别	零件号	零件名称
制造费用	电费/折旧	使用设备/用品	功率	使用时长	电力价格	电费	折旧费
	劳保	用品	规格	单价	数量	费用	备注
	刀具损失	刀具名称	规格	单价	数量	费用	备注
		小计					
材料费用		材料名称	牌号	用量	单价	材料费用	
		小计					

人工费用	岗位名称	工时	时薪	人工费用	备注
	组长				
	编程员				
	操作员				
	检验员				
	核算员				
	后勤员				岗位数视情况
	小计				
总计					
责任		签字		审核	审定

加工复盘

引导问题 20：枪管的加工已经结束，补齐非本人岗位的内容，并以班组为单位回顾下整个过程，本人或本人的班组有没有成长？

新学到的东西：_____

_____

_____

_____

_____ 。

不足之处及原因：_____

_____

_____

_____ 。

经验总结：_____

_____

_____

_____ 。

落地转化：_____

_____

_____

_____ 。

考核评价

引导问题 21：本任务即将结束,同学们觉得本人的工作表现怎么样?

在表 2.3.13 中本人岗位对应的位置做评价。

表 2.3.13　自评表

自评表				班级		组别		姓名	零件号		零件名称	
结构	内容	具体指标	配分	等级及分值					工艺员	编程员	操作员	检验员	核算员	后勤员	后勤员
				A	B	C	D	E							
工作业绩(50分)	完成情况	职责完成度	15	15	12	9	7	4							
		临时任务完成度	15	15	12	9	7	4							
	工作质效	积极主动	5	5	4	3	2	1							
		不拖拉	5	5	4	3	2	1							
		克难效果	5	5	4	3	2	1							
		信守承诺	5	5	4	3	2	1							
业务素质(20分)	业务水平	任务掌握度	5	5	4	3	2	1							
		知识掌握度	5	5	4	3	2	1							
		技能掌握度	5	5	4	3	2	1							
		善于钻研	5	5	4	3	2	1							
团队(15分)	团队	积极合作	5	5	4	3	2	1							
		互帮互助	5	5	4	3	2	1							
		班组全局观	5	5	4	3	2	1							
敬业(15分)	敬业	精益求精	5	5	4	3	2	1							
		勇担责任	5	5	4	3	2	1							
		出勤情况	5	5	4	3	2	1							
自评分数总得分															

考核等级:优(90~100)　良(80~90)　合格(70~80)　及格(60~70)　不及格(60以下)

引导问题 22：本任务即将结束,同学们觉得本人的组长工作表现怎么样?

小组组长觉得本组各岗位工作表现怎么样?

在表 2.3.14 的组内互评表中对其他组员做个评价吧。

表 2.3.14 互评表

互评表			班级	组别	姓名	零件号	零件名称

结构	内容	具体指标	配分	等级及分值					工艺员	编程员	操作员	检验员	核算员	后勤员	后勤员
				A	B	C	D	E							
工作业绩 (50分)	完成情况	职责完成度	15	15	12	9	7	4							
		临时任务完成度	15	15	12	9	7	4							
	工作质效	积极主动	5	5	4	3	2	1							
		不拖拉	5	5	4	3	2	1							
		克难效果	5	5	4	3	2	1							
		信守承诺	5	5	4	3	2	1							
业务素质 (20分)	业务水平	任务掌握度	5	5	4	3	2	1							
		知识掌握度	5	5	4	3	2	1							
		技能掌握度	5	5	4	3	2	1							
		善于钻研	5	5	4	3	2	1							
团队 (15分)	团队	积极合作	5	5	4	3	2	1							
		互帮互助	5	5	4	3	2	1							
		班组全局观	5	5	4	3	2	1							
敬业 (15分)	敬业	精益求精	5	5	4	3	2	1							
		勇担责任	5	5	4	3	2	1							
		出勤情况	5	5	4	3	2	1							
		互评分数总得分													
考核等级:优(90~100)　良(80~90)　合格(70~80)　及格(60~70)　不及格(60以下)															

引导问题 23：**在整个任务完成过程中,各生产组表现如何?**

教师逐次点评各组,并请指导老师在表 2.3.15 中对你的班组进行评价吧。

表 2.3.15 教师评价表

教师评价表			班级	姓名	零件号	零件名称

评价项目		评价要求	配分	评分标准	得分
任务环节表现	工艺制订	分析准确	3	不合理一处扣1分,漏一处扣2分,扣完为止	
		熟练查表	2	不熟练扣1分,不会无分	
	程序编制	编程规范	4	不规范一处扣1分,扣完为止	
		正确验证	4	验证错误或不合理且无改进,一处扣1分, 扣完为止,无验证环节不得分	

续表

教师评价表			班级	姓名	零件号	零件名称

评价项目		评价要求	配分	评分标准	得分
任务环节表现	操作实施	操作规范	10	不规范一处扣1分,扣完为止	
		摆放整齐	3	摆放不整齐无分	
		加工无误	10	有一次事故无分	
		工件完整	3	有一处缺陷扣1分,扣完为止	
		安全着装	1	违反一处扣1分,扣完为止	
	质量检验	规范检测	4	不规范一处扣1分,扣完为止	
		质量合格	4	加工一次不合格扣2分,扣完为止	
	废料管理	正确分析	4	分析不正确一处扣1分,扣完为止	
		及时管理	3	放学即清,拖沓无分	
	成本核算	正确计算	3	概念不正确或计算错误无分	
		正确分析	2	成本分析不合理、不到位或错误无分	
	加工复盘	讨论热烈	2	不热烈无分	
		表述丰富	2	内容不足横线一半扣1分,不写无分	
		言之有物	2	内容不能落实,不具操作性无分	
	考核评价	自评认真	2	不认真无分	
		互评中立	2	不客观或有主观故意成分无分	
综合表现	团队协作	支持信任	5	有良性互动,一次加1分,加满为止	
		目标一致	5	多数组员一致加3分,全体一致满分	
	精神面貌	工作热情	5	一名组员热情加1分,加满为止	
		乐观精神	5	一名组员不畏难加2分,加满为止	
	沟通	交流顺畅	5	一名组员积极加1分,加满为止	
	批判	质疑发问	5	发问提建议,一次加1分,加满为止	
总评分			100	总得分	
		教师签字			

任务四 架模制作

工作任务

表 2.4.1 任务卡

任务名称			实施场所		
班级			姓名		
组别			建议学时	10 学时	
知识目标	1.掌握砂纸选择； 2.掌握抛光的方法； 3.掌握运用比较法评定表面粗糙度的方法。				
技能目标	1.能够正确选择砂纸； 2.能够正确抛光； 3.能够正确检测抛光质量。				
思政目标	坚持就是胜利				
教学重点	砂纸抛光				
教学难点	抛光面表面粗糙度控制				
任务图					
任务准备	毛坯尺寸	直径 20mm 的铝棒料			
	设备及附件	数控车床、卡盘扳手、刀架扳手等			
	技术资料	数控机床操作规程、编程手册、机械手册等			
	劳保用品	帆布手套、工作服、电工鞋等			
学习任务环节设置					

	环节 1	环节 2	环节 3	环节 4	环节 5	环节 6	环节 7	环节 8
	工艺制订	程序编制	操作实施	质量检验	废弃管理	成本核算	加工复盘	考核评价
环节责任								
时长记录								

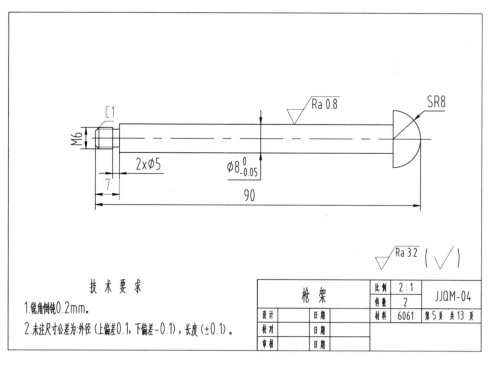

图 2.4.1 架模块零件图

工艺制订

引导问题 1：读了零件图，你有没有发现错漏或模糊的地方？

有的话请写下来。

_____

引导问题 2：识读零件图，并按下列要求分析，并填写到相应的横线上。

结构分析：_____

_____

_____

技术要求分析：_____

_____

_____

工艺措施：_____

_____

_____

能量点 1

抛光

使用机械、化学等手段,降低工件的表面粗糙度,从而获得平整、光亮表面的加工方法叫作抛光。抛光是使用抛光工具和抛光介质修饰加工工件表面。

1. 常用的抛光方法

(1)机械抛光。机械抛光是手工使用油石、砂纸、毛轮等,通过切削或表面塑性变形去掉工件表面的凸起部分,从而得到平整、光亮表面的抛光方法。

(2)化学抛光。化学抛光是通过化学媒介优先溶解工件表面凸出的部分,从而得到平滑、光亮的表面。这种方法对设备要求不高,但抛光的工件的形状复杂度较高,而且可以多任务同时进行,具有较高的效率。化学抛光中配制抛光液是关键。通过化学抛光,表面粗糙度一般可以达到 $10\mu m$。

(3)电解抛光。原理与化学抛光一样,通过电解工件材料表面的微观凸起,得到平滑、光亮表面。电解抛光的效果比化学抛光更好。通过电解抛光,工件的表面粗糙度可以降至 $1\mu m$ 以下。

(4)超声波抛光。在磨料悬浮液中放入工件,放到超声波场内,磨料通过超声波的振荡磨光工件表面。超声波抛光只有微观力,工件受力小不会变形,困难的是如何制作和安装工装。通常超声波加工不单独作用,或与化学抛光结合,或与电解抛光结合,即腐蚀或电解和超声波振动同时作用,使工件的表面粗糙度降低,得到平整、光亮的表面。

(5)流体抛光。流体抛光是使用携带磨粒的液体高速冲刷工件表面,从而抛光工件表面的抛光方法。流体抛光的介质是一种掺入磨料的特殊化合物,具有在低压力下流动性强的特点。

(6)磁研磨抛光。在磁场作用下磁性磨料可以形成磨料刷,磨料刷可以磨削工件使表面平整、光亮,这种抛光方法叫作磁研磨抛光。磁研磨抛光条件易控,效高质佳。表面粗糙度一般可以达到 $Ra0.1\mu m$。

2. 机械抛光基本程序

高质量的油石、砂纸和研磨膏等抛光工具是高质量抛光效果的保证。而如何制定抛光程序,主要依据抛光前的工序质量。机械抛光较常采取如下过程:

(1)粗抛。一般,使用油石手工研磨。润滑剂或冷却剂可选择煤油。应用顺序一般为#180～#240～#320～#400～#600～#800～#1000。有的时候,为了节省时间,生产中常常从#400 起抛。

(2)半精抛。一般,使用砂纸半精抛,煤油做润滑剂或冷却剂。砂纸应用顺序一般为:#400～#600～#800～#1000～#1200～#1500。

(3)精抛。一般,使用抛光膏精抛。若用布轮加抛光膏抛光,应用顺序一般为 $9\mu m$(#1800)～$6\mu m$(#3000)～$3\mu m$(#8000)。#1200 和#1500 号砂纸会在工件表面留下磨痕,其可通过 $9\mu m$ 的抛光膏和布轮去除。然后再用黏毡与钻石研磨膏抛光,应用顺序为 $1\mu m$(#14000)～$1/2\mu m$(#60000)～$1/4\mu m$(#100000)。

引导问题3：为了保证调焦钮加工质量,可以采用下列哪种装夹方案?

班组讨论,并从附页中选择贴图,并撕下贴到本题目对应选项下方的虚线框中。

引导问题4：在枪架的加工过程中,需要用到刀具有哪些? 这些刀具的规格又是什么样的?

班组讨论。在图2.4.2中所选择的刀具下方括号内打勾,并填表2.4.2。

表中应填写的刀具包括并不仅限于图2.4.2中的刀具。

( )　　　( )　　　( )

( )　　　( )　　　( )

图2.4.2　主要刀具备选池

表2.4.2　刀具卡

刀具卡				班级	组别	零件号	零件名称	
序号	刀具号	刀具名称	数量	加工表面	刀尖半径(mm)		刀具规格(mm)	
1								
2								
3								
4								
5								
6								
责任		签字		审核			审定	

能量点2

砂纸

砂纸是一种用来研磨的磨具,通常是把各种研磨砂粒胶在原纸上制成。用砂纸对金属、木材等进行研磨,可以得到平滑、光亮的表面。

1. 砂纸分类

按研磨物质可分为金刚砂纸、人造金刚砂纸、玻璃砂纸等。按使用要求一般可分为干砂纸、水砂纸、干湿两用砂纸。干砂纸研磨对象为木、竹器。水砂纸在水中或油中进行研磨。

干砂纸将碳化硅磨料用粘结剂（合成树脂）粘接在乳胶之上制成，并涂以抗静电涂层。优点是柔软、防静电、耐磨、效率高、防堵塞、不易粘屑等。适用场合：粗磨、半精磨金属表面。干砂纸如表2.4.3所示，有多种规格可选。

水砂纸因可以浸水或水中打磨而得名，又称耐水砂纸。水砂纸基体是耐水纸，是将刚玉或碳化硅磨料通过粘结剂（油漆或树脂）牢固地粘在基体上而制成的，有页状水砂纸和卷状水砂纸两种。水砂纸依据磨料不同分为棕刚玉砂纸、白刚玉砂纸、碳化硅砂纸、锆刚玉砂纸等。依据粘结剂不同分为普通砂纸和树脂砂纸。水砂纸通常在水中或浸水打磨，因此粉尘较少，工作条件良好。水砂纸适用于纹理细腻的场合。

水砂纸在水中或浸水使用，磨出的碎末就会散入水中，如果在无水情况下使用，由于水砂纸磨粒间隙较小，碎末会填平砂纸磨粒间隙，使砂纸失去磨削功能。而干砂纸因为磨粒间隙较大，磨削的碎末同样较大，打磨时就不会填塞在磨粒间隙，所以可以干磨，不需要在水中或浸水使用。

2. 砂纸规格

这里仅列干砂纸规格，如下表。

表2.4.3　砂纸规格表

粒度	粒度号	粒度号	尺寸 μm	代号	备注
120#	W125	M125			
140#	W100	M100			
180#	W80	M80			
200#	W70	M70			
240#	W63	M63			
280#	W50	M50	~40	1#	
320#	W40	M40	40~28	0#	
400#	W28	M28	28~20	01#	
500#	W20	M20	20~14	02#	
600#	W14	M14	14~10	03#	
800#	W10	M10	10~7	04#	
1000#	W7	M7	7~5	05#	
1200#	W5	M5	5~3.5	06#	
1400#	W3.5	M3.5	3.5~3	07#	
1600#	W3	M3	3~2.5	08#	
1800#	W2.5	M2.5	2.5~2	09#	

粒度	粒度号	粒度号	尺寸 μm	代号	备注
2000#	W2	M2	2~1.5	010#	
2500#	W1.5	M1.5	1.5~1		
3000#	W1	M1	1~0.5		
3500#	W0.5	M0.5	0.5~		
4000#	W0.1	M0.1			

金相砂纸的磨粒由天然刚玉氧化铝和氧化铁的微粒混合而成,呈灰绿色。砂纸一般称:30 号(或 30 目),60 号(60 目),120 号……号(或目)是指磨粒大小或磨料粗细,通常以每平方英寸的磨粒数量来表示,号越大,每平方英寸内磨粒数量越多,砂纸越粗。M40(或 W40)表示粒度最大为 40μm,M28(W28)表示磨粒粒度最大为 28μm。

3.砂纸的选择

无论材料软硬一般选择 100#、200#、400#、600#、800#、1000#就可以,如果中间缺一种或者两种,关系不大。选择砂纸的时候看厚薄,一定不能选太薄的,另外也要看沙粒是不是均匀,粘结的是不是牢固。根据前面工序的情况,划痕是不是较细,越细则抛光时间越短。最后,合理选择砂纸品牌,不同品牌的砂纸质量差距较大。

引导问题5:需要按照什么样的工艺顺序来加工枪架? 应该拟定一个什么样的工艺路线?

完成下面的题目。

加工顺序:指在零件的生产过程中对各工序的顺序安排,又称工艺路线。工序是工艺路线的组成部分,通常包括切削工序、热处理工序和辅助工序。鉴于实训室的条件,可以只考虑切削工序和辅助工序。本环节的加工顺序独指切削加工工序的安排顺序。根据零件图和加工要求,勾选加工顺序安排的原则(可多选):

□ 先主后次原则   □ 基面先行原则   □ 先面后孔原则   □ 先粗后精原则
□ 先内后外原则   □ 工序集中原则   □ 刚性破坏小原则

拟定工艺路线:_____

_____

_____。

还有没有更好的工艺路线? 也写下来:_____

_____(没有可不填)

引导问题6:前面做了这么多的分析,内容比较分散,不利于批量生产加工过程的流程化、标准化,怎么才能避免这个问题呢?

填了表2.4.4,同学们就明白了。

引导问题7:每道工序里都做些什么?

请根据表2.4.4 中划分的工序,在表2.4.5 中填写工步内容和与之对应的参数值。

表 2.4.4 机械加工工艺过程卡

机械加工工艺过程卡片

名称				班级		组别		零件号		零件名称
					总工艺路线					
	材料及材料消耗定额		毛坯种类							
	牌号	规格	单件定额	零件净重		每个毛坯可制零件数				

序号	工序内容	设备		工装				工时		优化工时		备注
		名称	型号	夹具	刀具	量具	辅具	辅料	单件工时	准备结束时间	单件工时	准备结束时间

编制		审核		审定		共　页	第　页

表2.4.5　机械加工工序卡

机械加工工序卡片	班级	组别	零件号	零件名称	工序号	工序名
				设备名称		
				设备型号		
				夹具名称		
				工序工时	准终	
					单件	

工步号	工步内容	工艺装备	主轴转速	进给量	背吃刀量	工步工时		工序工时		优化工时	
						机动	辅助	机动	辅助	机动	辅助

责任	签字	审核	审定	共　页	第　页

程序编制

引导问题 8：我们编制程序的时候，是手动编程还是自动编程呢？

工艺制订完成后，需要依据工艺编制程序。我们会发现在某些工序中零件特征或工艺等较复杂，建议自动编程，否则可以手动编程。具体使用哪种编程方法由编程岗自主确定。自动编程，则填写表 2.4.6。

表 2.4.6　程序编制记录卡

程序编制记录卡片				班级	组别	零件号	零件名称	
序号	工序内容	编制方式（手/自）	完成情况	程序名	优化一	优化二	程序存放位置	
责任		签字						

手动编程部分，可以把程序单写在表 2.4.7 中。

表 2.4.7　手工编程程序单

手工编程程序单			班级	组别	零件名称
行号	程序内容	备注	行号	程序内容	备注

引导问题 9：**程序编制完成后,就可以直接导入机床进行加工吗?**

程序编制过程中可能会出现一些错误,因此自动编程需要程序仿真,手动编程需要程序校验来验证程序的正确性和合理性。如果有不正确或不合理的,记录到表 2.4.8 中。

表 2.4.8　程序验证改进表

序号	需要改动的内容	改进措施
1		
2		
3		
4		
5		

操作实施

引导问题 10：**该做的前期工作已经做完,下面要进行机床操作,这是本课程的首次机床操作环节,最需要注意什么?（单选）**

□ 对刀　　　□ 安全　　　□ 素养　　　□ 态度

操作前需要做以下工作:

(1)检查着装:安全帽,电工鞋,工作帽(女生),目镜,手套等。

(2)复习操作规范:烂熟于心。

(3)检查设备:设备的安全装置功能正常;熟悉急停按钮位置。

(4)检查医疗应急用品:碘酚、创可贴、棉签、纱布、医用胶布等。

(5)现场环境的清理。

(6)诵号:技能诚可贵,安全价更高。

引导问题 11：**在抛光枪架的时候,你具体怎么操作呢?**

_____

_____

_____

能量点3

砂纸抛光的操作方式

介绍几种砂纸抛光的操作方式。

(1)锉刀下面垫砂纸,左手握柄,右手扶锉刀头部,以 40 次/min 的速度推锉,速度太快影响质量。打磨时,切忌不能穿长衣袖服装,以免卷入;切忌锉刀碰卡盘。

图 2.4.3　抛光

（2）在用砂纸抛光尺寸较小的轴类零件时，可以不使用锉刀等工具，用手拿砂纸抛光即可，但应始终保持安全警惕。操作是这样的，两手捏着砂纸两端，轻压在旋转的工件表面进行抛光，需要注意的是压力不能过大，否则工件会摩削过度或致砂纸断掉。切忌把砂纸缠到工件上抛光，也不能双手紧握砂纸抛光工件，这样容易发生安全事故。

图 2.4.4　砂纸抛光

（3）夹子抛光。用夹子把砂纸夹住，并套住轴类工件，左手握夹子柄部，右手握夹子另一端，沿工件轴线方向往复移动抛光工件。这种方法安全性较好，但是只适合抛光简单形状的工件。

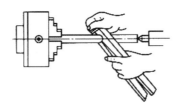

图 2.4.5　抛光夹抛光

（4）木棒抛光。用砂纸抛光内孔时，可将木棒一端开槽，砂纸一端插在此槽内，顺时针缠绕，然后将带砂纸的木棒伸入内孔进行抛光。具体操作：左手手腕朝下握在木棒的中部，右手握木棒右端顺时针方向匀速转动，转动的同时双手配合着把木棒沿轴线匀速往孔内送，这样就可以把内孔表面全部抛光到位。

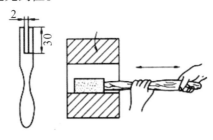

图 2.4.6　砂纸抛光内孔

木棒的选择：可以选软木棒或竹棒。在抛光弧面时，软木棒或竹棒可以很好地与工件弧度相贴合。

引导问题 12：在抛光枪架的时候，为了保证表面精度，有哪些需要注意的地方？

_____

_____

_____ 。

能量点 4

机械抛光注意事项

1. 砂纸抛光需要注意以下方面：

(1) 抛光转速应高于车削转速。

(2) 加入适量机油可以有效提高抛光效果。

(3) 更换不同规格砂纸时，抛光方向应改变，一般 45°~90° 变换，这样可以较容易发现上一号砂纸抛光后磨痕。

(4) 同一规格的砂纸抛光时，应不同方向两次抛光，方向间变换角度一般为 45°~90°。

(5) 更换不同规格砂纸时，一定要使用纯棉花蘸酒精或其他清洗液擦拭抛光表面，否则会严重影响接下来的抛光。

(6) 更换不同规格砂纸时，双手必须清洗干净。

(7) 当前的砂纸一定要磨掉上一号砂纸的磨痕，要不然下一号砂纸对这个磨痕根本无能为力。

(8) 砂纸打磨之初，力稍大些，随着砂纸换号，逐渐减小。

(9) 抛光应先难后易，特别是边角等位置应先抛。

(10) 要小心处理尖角及边角，使用油石或较硬的抛光工具进行研磨，以免形成圆角或圆边。

(11) 抛光工具应选用对应级别的抛光膏。

(12) 谨慎使用 #1200 和 #1500 砂纸，抛光时压力要小，否则容易造成工件表面擦伤或烧伤。

(13) 打磨过程中应避免工件表面落入灰尘。

(14) 在抛光过程中，应经常利用刀口平尺、表面粗糙度样块检查抛光情况。

2. 砂纸抛光的错误观点

(1) 磨旧的砂纸可以当高一号砂纸用。如果嫌打磨速度慢，可以更换新的同号砂纸。如果需要用低一号的砂纸就用新的，不能用旧的。

(2) 力越大抛光越快。砂纸抛光只需要较小的压力即可，压力大仅仅会使砂纸的磨损和产生的热量增大，并不会加快抛光的速度。

(3) 打磨慢且无聊。这说明你用的砂纸规格不合适，或者砂纸已经用旧，磨削功能降低。

引导问题 13：在加工枪架时，有没发生意料外的问题？你又是如何解决的？

_____

质量检验

📝 引导问题14：加工生产出的零件是不是可以直接作为合格件入库？

零件加工完成后，需要质检员对零件质量进行检测，且检测合格后方可入库，同时质检员需填写检验卡片。如果检验不合格，需重做，并重新填写相应工艺表格，空白表格可从附录中获取。

表2.4.9　质量检验卡

检验卡片				班级	组别	零件号	零件名
责任		签字				JJQM – 01	调焦钮
序号	检验项目	检验内容	技术要求	自测	检测	改进措施	改进成效
1	轮廓尺寸	$\phi 5^{0}_{-0.1}$	不得超差				
2		$\phi 8^{0}_{-0.1}$	不得超差				
3		SR8	不得超差				
4	长度	90 ± 0.1	不得超差				
5		7 ± 0.1	不得超差				
6	螺纹	M6	不得超差				
7	其他	倒角	C1				
8		表面粗糙度	Ra0.8				
9		表面粗糙度	Ra3.2				
10		锐角倒钝	C0.2				

能量点5

机械抛光质量检测

1. 表面粗糙度检测样块

表面粗糙度检测样块是用特定合金制成，具有不同的表面粗糙度参数值，通过触觉和视觉与需要检测的工件表面做比较，来确定工件表面粗糙度的实物量具。

图2.4.7　表面粗糙度样块

2.检测原理

进行比较时,样块和工件的材质、加工工艺应当尽量相同,这样能提高检测的准确性,降低误差。

3.检测方法

首先是目测。若目测不能确定,可以触摸的形式或用放大镜来测。

废弃管理

引导问题15:分析一下,废件质量为什么不合格?

填写分析表2.4.10。

表2.4.10 废件分析表

序号	废件产生原因(why)	改进措施(how)	其他

能量点6

机械抛光缺陷分析

由于机械抛光主要还是靠人工完成,所以抛光技术目前还是影响抛光质量的主要原因。

表2.4.11 抛光质量分析表

问题	产生乱纹原因	改进措施
橘皮纹	1.表面过热或渗碳过度; 2.压力过大,抛光过度; 3.时间过长,抛光过度。	1.除去缺陷表面,砂纸号降一级,再精研磨; 2.压力比先前的压力低; 3.采取较少的抛光时间。
微坑	钢材中的非金属夹杂物(杂质)通常比钢材更硬且脆,在抛光过程中被拉除,形成微坑。	重新选用高纯度钢材。或选择较小一号的砂纸重新研磨。
划痕	1.砂纸磨粒大小不均匀或混杂有大颗粒硬杂质; 2.抛光工作环境不好; 3.抛光材料不清洁; 4.清洗用具不干净,操作者着装未达标; 5.未抛掉遗留痕迹或未清洗干净; 6.样块不干净或使用不当; 7.抛光材料使用时间长,表面干硬。	1.选用粒度均匀的抛光膏或对应的抛光膏; 2.做好工作场所清洁整理工作; 3.做好所需用品的清洁和保管工作; 4.清洗用具,规范操作者穿戴; 5.细致检查; 6.清洁样板或正确使用样板; 7.定期更换抛光材料。

问题	产生乱纹原因	改进措施
麻点	1.抛光时间不够； 2.磨粒不均匀； 3.有粗划痕抛断后的残迹。	1.增加抛光时间； 2.更换砂纸； 3.发现后应做出标识单独摆放或重抛。

引导问题 16：加工中产生的切屑、废件等废弃物怎么处理？

加工中产生的废弃物主要包括切屑、废件等,而废机油和更换切削液后的废液等都是在相应使用期限后才产生,因此不计入日常废弃物收集。请后勤员做好废物的收集,并做好表格记录工作。

表 2.4.12　废料收集记录卡

废料收集记录卡片					班级	组别	零件号	零件名称
序号	材质	类别	重量(kg)	存放位置	处理时间		收集人	备注
责任		签字		审核			审定	

成本核算

引导问题 17：生产枪架付出了多少成本？

本任务采用成本核算方法中的平行结转分步法,因此只计算本任务中产生的生产费用,期间费用不在此任务中计算。请本组核算员根据设备实际使用情况填写下表。相关计算见附录中成本核算部分。

表 2.4.13　生产成本核算表

生产成本核算表				班级	组别	零件号	零件名称
制造费用	电费/折旧	使用设备/用品	功率	使用时长	电力价格	电费	折旧费
	劳保	用品	规格	单价	数量	费用	备注
	刀具损失	刀具名称	规格	单价	数量	费用	备注
		小计					
材料费用		材料名称	牌号	用量	单价	材料费用	
		小计					
人工费用		岗位名称	工时	时薪	人工费用	备注	
		组长					
		编程员					
		操作员					
		检验员					
		核算员					
		后勤员				岗位数视情况	
		小计					
		总计					
责任		签字		审核		审定	

考核评价

引导问题 18：本任务即将结束，同学们觉得本人的工作表现怎么样？

在表 2.4.14 中本人岗位对应的位置做评价。

表 2.4.14 自评表

自评表				班级	组别		姓名		零件号		零件名称		
结构	内容	具体指标	配分	等级及分值					工艺员	编程员	操作员	检验员	核算员	后勤员	后勤员
				A	B	C	D	E							
工作业绩（50分）	完成情况	职责完成度	15	15	12	9	7	4							
		临时任务完成度	15	15	12	9	7	4							
	工作质效	积极主动	5	5	4	3	2	1							
		不拖拉	5	5	4	3	2	1							
		克难效果	5	5	4	3	2	1							
		信守承诺	5	5	4	3	2	1							
业务素质（20分）	业务水平	任务掌握度	5	5	4	3	2	1							
		知识掌握度	5	5	4	3	2	1							
		技能掌握度	5	5	4	3	2	1							
		善于钻研	5	5	4	3	2	1							
团队（15分）	团队	积极合作	5	5	4	3	2	1							
		互帮互助	5	5	4	3	2	1							
		班组全局观	5	5	4	3	2	1							
敬业（15分）	敬业	精益求精	5	5	4	3	2	1							
		勇担责任	5	5	4	3	2	1							
		出勤情况	5	5	4	3	2	1							
自评分数总得分															
考核等级：优(90~100)　　良(80~90)　　合格(70~80)　　及格(60~70)　　不及格(60以下)															

引导问题 19：同学们觉得本人班组内各岗位人员工作表现怎么样？

在表 2.4.15 的组内互评表中对其他组员做个评价吧。

表 2.4.15 互评表

互评表				班级	组别		姓名		零件号		零件名称		
结构	内容	具体指标	配分	等级及分值					工艺员	编程员	操作员	检验员	核算员	后勤员	后勤员
				A	B	C	D	E							
工作业绩（50分）	完成情况	职责完成度	15	15	12	9	7	4							
		临时任务完成度	15	15	12	9	7	4							

续表

互评表					班级	组别		姓名		零件号		零件名称		
结构	内容	具体指标	配分	等级及分值					工艺员	编程员	操作员	检验员	核算员	后勤员	后勤员
				A	B	C	D	E						
工作业绩 (50分)	工作质效	积极主动	5	5	4	3	2	1						
		不拖拉	5	5	4	3	2	1						
		克难效果	5	5	4	3	2	1						
		信守承诺	5	5	4	3	2	1						
业务素质 (20分)	业务水平	任务掌握度	5	5	4	3	2	1						
		知识掌握度	5	5	4	3	2	1						
		技能掌握度	5	5	4	3	2	1						
		善于钻研	5	5	4	3	2	1						
团队 (15分)	团队	积极合作	5	5	4	3	2	1						
		互帮互助	5	5	4	3	2	1						
		班组全局观	5	5	4	3	2	1						
敬业 (15分)	敬业	精益求精	5	5	4	3	2	1						
		勇担责任	5	5	4	3	2	1						
		出勤情况	5	5	4	3	2	1						
互评分数总得分														
考核等级:优(90~100)　　良(80~90)　　合格(70~80)　　及格(60~70)　　不及格(60以下)														

引导问题 20:在整个任务完成过程中,各生产组表现如何?

教师逐次点评各组,并请指导老师在表2.4.16中对你的班组进行评价吧。

表 2.4.16　教师评价表

教师评价表				班级	姓名	零件号	零件名称	
评价项目		评价要求	配分	评分标准				得分
任务环节表现	工艺制订	分析准确	3	不合理一处扣1分,漏一处扣2分,扣完为止				
		熟练查表	2	不熟练扣1分,不会无分				
	程序编制	编程规范	4	不规范一处扣1分,扣完为止				
		正确验证	4	验证错误或不合理且无改进,一处扣1分, 扣完为止,无验证环节不得分				

教师评价表			班级	姓名	零件号	零件名称
评价项目	评价要求	配分	评分标准			得分
任务环节表现	操作实施	操作规范	10	不规范一处扣1分,扣完为止		
		摆放整齐	3	摆放不整齐无分		
		加工无误	10	有一次事故无分		
		工件完整	3	有一处缺陷扣1分,扣完为止		
		安全着装	1	违反一处扣1分,扣完为止		
	质量检验	规范检测	4	不规范一处扣1分,扣完为止		
		质量合格	4	加工一次不合格扣2分,扣完为止		
	废料管理	正确分析	4	分析不正确一处扣1分,扣完为止		
		及时管理	3	放学即清,拖沓无分		
	成本核算	正确计算	3	概念不正确或计算错误无分		
		正确分析	2	成本分析不合理、不到位或错误无分		
	加工复盘	讨论热烈	2	不热烈无分		
		表述丰富	2	内容不足横线一半扣1分,不写无分		
		言之有物	2	内容不能落实,不具操作性无分		
	考核评价	自评认真	2	不认真无分		
		互评中立	2	不客观或有主观故意成分无分		
综合表现	团队协作	支持信任	5	有良性互动,一次加1分,加满为止		
		目标一致	5	多数组员一致加3分,全体一致满分		
	精神面貌	工作热情	5	一名组员热情加1分,加满为止		
		乐观精神	5	一名组员不畏难加2分,加满为止		
	沟通	交流顺畅	5	一名组员积极加1分,加满为止		
	批判	质疑发问	5	发问提建议,一次加1分,加满为止		
总评分		100	总得分			
	教师签字					

模块三　枪模制作之数铣

任务一　托模制作

工作任务

表 3.1.1

任务名称			实施场所	
班级			姓名	
组别			建议学时	16 学时
知识目标	1.掌握薄壁加工的工艺制订,并能够制订合适的工艺流程; 2.掌握薄壁加工的装夹工艺,并能够正确装夹; 3.掌握薄壁加工的切削用量选择,并能够; 4.掌握薄壁成品的检测。			
技能目标	能够加工出合格的薄壁件。			
思政目标	精益求精,工匠精神			
教学重点	薄壁加工			
教学难点	薄壁加工的装夹工艺			
任务图				
任务准备	毛坯尺寸	100mm×50mm×20mm 的铝板		
	设备及附件	数控铣床、平口钳等		
	技术资料	编程手册、机械手册等		
	劳保品	帆布手套、工作服、电工鞋等		

学习任务环节设置								
	环节 1	环节 2	环节 3	环节 4	环节 5	环节 6	环节 7	环节 8
	工艺制订	程序编制	操作实施	质量检验	废弃管理	成本核算	加工复盘	考核评价
环节责任								
时长记录								

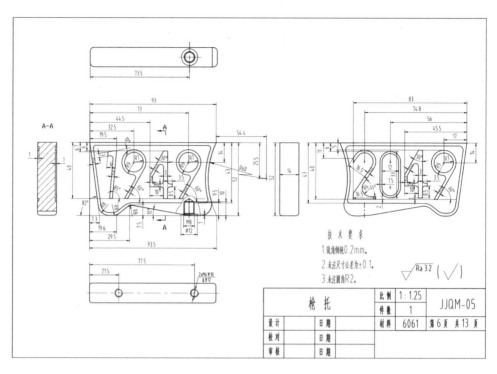

图 3.1.1　托模块零件图

工艺制订

引导问题 1：读了零件图，你有没有发现错漏、模糊或读不明白的地方？
有的话请写下来。

_____

引导问题 2：识读零件图，并按下列要求分析，并填写到相应的横线上。

结构分析：_____

_____

_____

_____

技术要求分析：_____

_____

_____

_____

工艺措施：_____

_____

_____

_____

能量点 1

薄壁零件

薄壁零件是一个相对概念,同一壁厚如果零件整体尺寸较小则构不成薄壁零件,如零件整体尺寸较大则可称为薄壁零件。一般将与薄壁垂直横截面的最大尺寸设为 L,壁厚设为 t,当 $t/L \leq 0.1$ 时,即可认为此零件为薄壁零件。薄壁零件具有重量轻、结构紧凑、节约材料等特点,但其加工刚性差,抗压强度较弱,因此在加工过程中容易发生变形,所以零件的整体加工效率和精度难以保证。本任务零件中有薄壁特征吗?

随着零件壁厚的减小,其刚性降低,加工变形增大。因此,在切削过程中,尽可能地利用零件的未加工部分,作为正在切削部分的支撑,使切削过程处在刚性较佳的状态。如:腔内有腹板的腔体类零件,加工时,铣刀从毛坯中间位置以螺旋线方式下刀以减少垂直分力对腹板的压力,在深度方向铣到尺寸,再从中间向四周扩展至侧壁。内腔深度较大时,按如上方法分多层加工。该方法能有效地降低切削变形及其影响,降低了由于刚性降低而可能发生的切削振动。

设计工艺加强筋,提高刚性对于薄壁零件,增加工艺筋条,以加强刚性,是工艺设计常用的手段之一。

引导问题 3:为了保证枪托加工质量,可以采用下列哪种装夹方案?

班组讨论,并从附页中选择贴图,并撕下贴到本题目对应选项下方的虚线框中。

┌─────────┐ ┌─────────┐ ┌─────────┐
│   │ │   │ │   │
└─────────┘ └─────────┘ └─────────┘

能量点 2

薄壁零件装夹条件

对于薄壁结构的腔类零件加工,关键问题就是要解决由于装夹力引起的变形。为此,可通过在腔内加膜胎(橡胶膜胎或硬膜胎),以提高零件的刚性,抑制零件的加工变形;或采用石蜡、低熔点合金填充法等工艺方法,加强支撑.进而达到减小变形、提高精度的目的。

为控制加工变形,除进行工艺方法的优化外,还需要合理选择工件装夹方法,减小夹紧力对变形的影响。

零件装夹可分成定位和夹紧。定位使零件处于稳定状态,对平面来说应采 3 点定位。在定位点一般要承受一定的夹紧力,并应具有一定的强度和刚性。从定位稳定性与定位精度看,接触面是越小越好;而从夹紧力功能来看,接触面需要越大越好,可以用最小的单位面积压力来获得最大的摩擦力。加工中,夹紧点和变形量的关系,在同一夹紧条件下,均匀多点夹紧会大大减小零件的夹紧变形,即增加夹具与零件的接触面积是减小夹紧变形量的重要方法。

引导问题 4:在枪托的加工过程中,需要用到刀具有哪些? 这些刀具的规格又是什

么样的?

班组讨论。在图3.1.2中所选择的刀具下方括号内打钩,并填表3.1.2。

表中应填写的刀具包括并不仅限于图3.1.2中的刀具。

(   )　　　　(   )　　　　(   )

(   )　　　　(   )　　　　(   )

图 3.1.2　主要刀具备选池

表 3.1.2　刀具卡

刀具卡			班级	组别	零件号	零件名称	
序号	刀具号	刀具名称	数量	加工表面	刀尖半径(mm)	刀具规格(mm)	
1							
2							
3							
4							
责任		签字		审核		审定	

能量点 3

薄壁零件加工刀具选择

(1)选择合理的刀具角度。薄壁零件加工时前角要大,这样才能减少切削变形,同时可抑制或消除积屑瘤,并使切削分力显著下降,有利于消除振动,从而减小表面变形。薄壁零件加工时,刀具的刃口要锋利,除了采用较大前角外,还要注意角度的合理性,不然会因为刀头体积过小而影响刀具的强度和刚度,使热量无法及时散出,使工件产生变形。

(2)注意刀具材料。可选择带涂层材料的刀具,以获得良好的断屑性能。硬质合金刀具切削力随钴含量的增多和碳化钛含量的减少而增大。YT类硬质合金切削力相较高速钢要小。陶瓷刀片导热性小,在较高温度下工作时因摩擦降低,切削力减小。

引导问题 5:需要按照什么样的工艺顺序来加工枪托?应该拟定一个什么样的工艺路线?

完成下面的题目。

加工顺序,指在零件的生产过程中对各工序的顺序安排,又称工艺路线。工序是工艺路线的组成部分,通常包括切削工序、热处理工序和辅助工序。鉴于实训室的条件,可以只考

虑切削工序和辅助工序。根据零件图和加工要求,勾选加工顺序安排的原则(可多选):

☐ 先主后次原则　　☐ 基面先行原则　　☐ 先面后孔原则

☐ 先粗后精原则　　☐ 先内后外原则　　☐ 工序集中原则

☐ 刚性破坏小原则

拟定工艺路线：_____

_____

_____。

还有没有更好的工艺路线？也写下来：_____

_____(没有可不填)

引导问题 6：前面做了这么多的分析,内容比较分散,不利于批量生产加工过程的流程化、标准化,怎么才能避免这个问题呢?

填了表 3.1.3,同学们就明白了。

引导问题 7：每道工序里都做些什么?

请根据表 3.1.3 中划分的工序,在表 3.1.4 中填写工步内容和与之对应的参数值。

表3.1.3 机械加工工艺过程卡

机械加工工艺过程卡片

			班级	组别	零件号	零件名称

总工艺路线

材料及材料消耗定额

名称	牌号	规格	单件定额	零件净重	毛坯种类	每个毛坯可制零件数

序号	工序内容	设备		工装				工时		优化工时		备注
		名称	型号	夹具	刀具	量具	辅具/辅料	单件工时	准备结束时间	单件工时	准备结束时间	

编制	审核	审定	共 页	第 页

表 3.1.4　机械加工工序卡

机械加工工序卡片

	班级	组别	零件号	零件名称	工序号	工序名
				设备名称		
				设备型号		
				夹具名称		
				工序工时	准终	
					单件	

工步号	工步内容	工艺装备	主轴转速	进给量	背吃刀量	工步工时		优化工时	
						机动	辅助	机动	辅助

责任	签字	审核	审定	共　页	第　页

能量点4

薄壁加工切削用量的选择

1. 切削用量的要求

背吃刀量,进给量,切削速度是切削用量的三个要素。在大量试验后我们证明:背吃刀量和进给量同时增大,切削力也增大,变形也大,对车削薄壁零件极为不利。在加工精度要求较高的薄壁零件时,一般采取对称加工,使相对的两面产生的应力均衡,达到一个稳定状态,加工后工件平整。当某一工序的背吃刀量大时,应力将会失去平衡,工件就会产生变形。

采用数控高速加工的方式控制变形。高速加工采用"小切深,快走刀"的方式,使刀具在高速旋转时,与工件接触的瞬间,工件产生软化状态,切屑成碎屑状,切削力迅速下降,加工变得很轻快;同时切削热在第一时间被迅速带走,使工件表面基本保持在室温状态,从而排除了因加工而导致的零件变形。

高速切削是当今制造业中一项快速发展的新技术,是常规切削速度的 5~10 倍。切削温度、切削力通常随切削速度的升高而升高,但超过一定范围后,反而随切削速度的升高而下降。所以以高速切削薄壁零件具有以下优越性:

(1)高速切削时,由于采用极小的切削深度和很窄的切削宽度,因此和常规切削状态下的切削力相比至少可减小 30%,所以在加工薄壁、薄板类零件时可减小加工变形,易于保证零件的尺寸精度和形位精度。

(2)高速切削时由于切削热的 95% 将被切屑带走,工件温度升不高,工件的热变形小,这对于减小薄壁、薄板类零件的变形非常有利。

(3)由于工件的表面粗糙度对低阶频率最为敏感,而高速切削时,刀具切削的激振频率很高,远离了零件结构工艺系统的低振频率范围,不会造成工艺系统的受迫振动,从而避免切削振动,实现平稳切削降低了表面粗糙度,使加工表面非常光洁,可达到磨削的水平。

(4)高速切削加工允许使用较大的进给率,比常规切削加工提高 5~10 倍,单位时间材料切除率可提高 3~6 倍,加工效率得到很大提高。

2. 切削液的要求

合理选用切削液,能减少切削过程中的摩擦,改善散热条件,从而减小了切削力、切削功率、切削温度,减轻刀具磨损,提高已加工表面质量。粗加工切削量大,产生大量切削热,刀具易磨损,尤其是高速钢,应选用冷却为主的切削液,如乳化液或水溶液。而硬质合金刀具可以不用切削液,如要用则必须连续、充分地浇注,以免产生裂纹。精加工切削液主要是润滑,以提高工件表面精度和表面粗糙度,以采用极压切削油或离子型切削液。

程序编制

引导问题8:我们编制程序的时候,是手动编程还是自动编程呢?

工艺制订完成后,需要依据工艺编制程序。我们会发现在某些工序中零件特征或工艺等较复杂,建议自动编程,否则可以手动编程。具体使用哪种编程方法由编程岗自主确定。

自动编程,则填写表3.1.5。

表3.1.5 程序编制记录卡

程序编制记录卡片					班级	组别	零件号	零件名称
序号	工序内容	编制方式(手/自)	完成情况	程序名	优化一	优化二	程序存放位置	
责任		签字						

手动编程部分,可以把程序单写在表3.1.6中。

表3.1.6 手工编程程序单

手工编程程序单			班级	组别	零件名称
行号	程序内容	备注	行号	程序内容	备注

能量点5

薄壁零件加工工艺

1. 对称分层铣削

毛坯初始残余应力对称释放,可以有效减小零件的加工变形。对厚度两面需进行加工的板类零件,采用上下两面去除余量均等的原则,进行轮流加工,即在上平面去除 δ 余量,然后翻面,将另一面也去除 δ 余量。加工时采用余量依次递减的原则,轮流的次数越多,其应力释放越彻底,工件加工后变形越小。

2. 刀具下刀方式的优化

刀具下刀方式对零件的加工变形有直接的影响。如垂直进刀方式,对腹板有向下的压力,会引起腹板的弯曲变形;而水平进刀方式,对侧壁有挤压作用,在刀具刚性不足时造成让刀,从而影响加工精度。

引导问题9：**程序编制完成后,就可以直接导入机床进行加工吗?**

程序编制过程中可能会出现一些错误,因此自动编程需要程序仿真,手动编程需要程序校验来验证程序的正确性和合理性。如果有不正确或不合理的,记录到表3.1.7中。

表3.1.7　程序验证改进表

序号	需要改动的内容	改进措施
1		
2		
3		
4		

操作实施

引导问题10：**该做的前期工作已经做完,下面要进行机床操作,这是本课程的首次机床操作环节,最需要注意什么?（单选)**

　□ 对刀　　　□ 安全　　　□ 素养　　　□ 态度

操作前需要做以下工作:

(1)检查着装:安全帽,电工鞋,工作帽(女生),目镜,手套等。

(2)复习操作规范:烂熟于心。

(3)检查设备:设备的安全装置功能正常;熟悉急停按钮位置。

(4)检查医疗应急用品:碘附、创可贴、棉签、纱布、医用胶布等。

(5)现场环境的清理。

(6)诵号:技能诚可贵,安全价更高。

引导问题11：**在加工枪托时,有没有发生意料之外的情况? 你又是如何解决的?**

引导问题 12：在钻床或铣床上径向钻孔的时候，事先制订的工艺措施是否有效？为什么？

质量检验

引导问题 13：加工生产出的零件是不是可以直接作为合格件入库？

零件加工完成后，需要质检员对零件质量进行检测，且检测合格后方可入库，同时质检员需填写检验卡片。如果检验不合格，需重做，并重新填写相应工艺表格，空白表格可从附录中获取。

表 3.1.8　质量检验卡

检验卡片			班级	组别	零件号	零件名
责任		签字			JJQM – 01	调焦钮
序号	检验项目	检验内容	技术要求	自测	检测	改进措施	改进成效
1		93 ± 0.1	不得超差				
2		52 ± 0.1	不得超差				
3		14 ± 0.1	不得超差				
4		43 ± 0.1	不得超差				
5	轮廓尺寸	2 ± 0.1	不得超差				
6		1 ± 0.1	不得超差				
7		角度	$82°$				
8		R60	不得超差				
9		R8	不得超差				
10		40 ± 0.1	不得超差				
11	雕刻图形	1.5 ± 0.1	不得超差				
12		2 ± 0.1	不得超差				
13		3 ± 0.1	不得超差				

检验卡片				班级	组别	零件号	零件名
责任		签字				JJQM – 01	调焦钮
序号	检验项目	检验内容	技术要求	自测	检测	改进措施	改进成效
14	孔	$\phi 12 \pm 0.1 \times 1$	不得超差				
15		$2 - M6 \times 10$	不得超差				
16		$M8 \times 8.5$	不得超差				
17		21.5 ± 0.1	不得超差				
18		77.5 ± 0.1	不得超差				
19		73.5 ± 0.1	不得超差				
20	其他	倒圆	R2				
21		表面粗糙度	Ra3.2				
22		锐角倒钝	C0.2				

废弃管理

引导问题 14： 分析一下，废件质量为什么不合格？

填写分析表 3.1.9。

表 3.1.9　废件分析表

序号	废件产生原因(why)	改进措施(how)	其他

能量点 6

薄壁精度影响分析

(1)受力因素：第一，残余应力。加工前工件内部的残余应力处于平衡状态，随着金属切除会产生新的应力，原有的应力平衡被打破，工件只有通过变形来达到新的应力平衡。金属切削过程中，切削的塑性变形和刀具与工件间的摩擦热，使已加工的表面和里层温差较大，产生较大的热应力，会形成热应力塑性变形。第二，装夹力。采用平口钳装夹产生横向装夹力，产生装夹变形。装夹变形程度跟装夹力的大小有关，装夹力如果过大，形成不可恢复的塑性变形。如果较小，形成弹性变形，弹性变形会在零件卸载后恢复，但切削加工是在弹性变形没有恢复的时候进行的，单一弹性变形的恢复会为加工后的零件带来新的变形。第三，切削力。进给量的大小是造成工件产生加工变形的主要因素，随着进给量的增加，工件的单位加工切削变形力增大,使得整个零件发生变形随之增大,摩擦力也随之不断增大,就会使得整个零件的反向切削力也随之增大,薄壁零件的加工变形力也增大。

(2)受热因素:切削过程中的变形、摩擦所消耗的功转变为热能。切削热传入刀具、切屑、工件和周围介质中,使它们温度升高,引起工件和刀具的热变形。切削温度的高低取决于产生热量的多少及热传散的快慢,切削温度对工件的热变形影响很大。进给量过小可能增加切削刀具的磨损,由于薄壁工件容易受热就有可能使工件产生加工变形。

(3)振动因素:机床的刚度、机床夹具会直接影响薄壁零件的受力情况。工件与刀具之间也会由于机床刚度的原因发生强烈的相对振动,这种振动在薄壁零件加工时不仅影响表面粗糙度的增大或产生明显的波纹,而且可能导致工件的变形。为了避免产生振动,常常不得不降低切削用量,致使刀具和机床的性能得不到充分发挥,限制了生产率的提高

(4)刀具因素:刀具几何角度对工件变形有显著的影响,刀具的前角、后角的大小直接影响加工力的大小。另外不同的刀具材料在加工过程中产生的切削力的大小也不相同,所以薄壁零件加工中,刀具材料选择较为关键。

引导问题15:**加工中产生的切屑、废件等废弃物怎么处理?**

加工中产生的废弃物主要包括切屑、废件等,而废机油和更换切削液后的废液等都是在相应使用期限后才产生,因此不计入日常废弃物收集。请后勤员做好废物的收集,并做好表格记录工作。

表3.1.10 废料收集记录卡

废料收集记录卡片					班级	组别	零件号	零件名称
序号	材质	类别	重量(kg)	存放位置	处理时间		收集人	备注
责任		签字		审核			审定	

成本核算

引导问题16:**生产枪托模块付出了多少成本?**

本任务采用成本核算方法中的平行结转分步法,因此只计算本任务中产生的生产费用,期间费用不在此任务中计算。请本组核算员根据设备实际使用情况填写表。相关计算见附录中成本核算部分。

表 3.1.11　生产成本核算表

生产成本核算表				班级	组别	零件号	零件名称
制造费用	电费/折旧	使用设备/用品	功率	使用时长	电力价格	电费	折旧费
	劳保	用品	规格	单价	数量	费用	备注
	刀具损失	刀具名称	规格	单价	数量	费用	备注
		小计					
材料费用		材料名称	牌号	用量	单价	材料费用	
		小计					
人工费用		岗位名称	工时	时薪	人工费用	备注	
		组长					
		编程员					
		操作员					
		检验员					
		核算员					
		后勤员				岗位数视情况	
		小计					
总计							
责任			签字		审核		审定

加工复盘

引导问题 17：枪托模块的加工已经结束，补齐非本人岗位的内容，并以班组为单位回顾下整个过程,本人或本人的班组有没有成长?

　　新学到的东西:＿＿＿＿＿＿＿＿＿＿＿＿＿＿＿＿＿＿＿＿＿＿＿＿＿＿＿＿＿＿＿＿＿

＿＿

＿＿

＿＿。

　　不足之处及原因:＿＿＿＿＿＿＿＿＿＿＿＿＿＿＿＿＿＿＿＿＿＿＿＿＿＿＿＿＿＿＿＿

＿＿

＿＿

＿＿。

　　经验总结:＿＿＿＿＿＿＿＿＿＿＿＿＿＿＿＿＿＿＿＿＿＿＿＿＿＿＿＿＿＿＿＿＿＿＿＿

＿＿

＿＿

＿＿。

　　落地转化:＿＿＿＿＿＿＿＿＿＿＿＿＿＿＿＿＿＿＿＿＿＿＿＿＿＿＿＿＿＿＿＿＿＿＿＿

＿＿

＿＿。

考核评价

引导问题 18:本任务即将结束,同学们觉得本人的工作表现怎么样?

在表 3.1.12 中本人岗位对应的位置做评价。

表 3.1.12　自评表

自评表					班级		组别		姓名		零件号			零件名称	
结构	内容	具体指标	配分	等级及分值					工艺员	编程员	操作员	检验员	核算员	后勤员	后勤员
				A	B	C	D	E							
工作业绩 (50分)	完成情况	职责完成度	15	15	12	9	7	4							
		临时任务完成度	15	15	12	9	7	4							
	工作质效	积极主动	5	5	4	3	2	1							
		不拖拉	5	5	4	3	2	1							
		克难效果	5	5	4	3	2	1							
		信守承诺	5	5	4	3	2	1							

自评表			班级		组别		姓名		零件号		零件名称	
结构	内容	具体指标	配分	等级及分值					工艺员	编程员	操作员	检验员	核算员	后勤员	后勤员
				A	B	C	D	E							

自评表			班级		组别		姓名		零件号		零件名称				
结构	内容	具体指标	配分	A	B	C	D	E	工艺员	编程员	操作员	检验员	核算员	后勤员	后勤员
业务素质（20分）	业务水平	任务掌握度	5	5	4	3	2	1							
		知识掌握度	5	5	4	3	2	1							
		技能掌握度	5	5	4	3	2	1							
		善于钻研	5	5	4	3	2	1							
团队（15分）	团队	积极合作	5	5	4	3	2	1							
		互帮互助	5	5	4	3	2	1							
		班组全局观	5	5	4	3	2	1							
敬业（15分）	敬业	精益求精	5	5	4	3	2	1							
		勇担责任	5	5	4	3	2	1							
		出勤情况	5	5	4	3	2	1							
自评分数总得分															
考核等级：优（90~100）　良（80~90）　合格（70~80）　及格（60~70）　不及格（60以下）															

引导问题 19：**同学们觉得本人班组内各岗位人员工作表现怎么样？**

在表 3.1.13 的组内互评表中对其他组员做个评价吧。

表 3.1.13　互评表

互评表			班级		组别		姓名		零件号		零件名称				
结构	内容	具体指标	配分	A	B	C	D	E	工艺员	编程员	操作员	检验员	核算员	后勤员	后勤员
工作业绩（50分）	完成情况	职责完成度	15	15	12	9	7	4							
		临时任务完成度	15	15	12	9	7	4							
	工作质效	积极主动	5	5	4	3	2	1							
		不拖拉	5	5	4	3	2	1							
		克难效果	5	5	4	3	2	1							
		信守承诺	5	5	4	3	2	1							
业务素质（20分）	业务水平	任务掌握度	5	5	4	3	2	1							
		知识掌握度	5	5	4	3	2	1							
		技能掌握度	5	5	4	3	2	1							
		善于钻研	5	5	4	3	2	1							

互评表			班级	组别	姓名	零件号	零件名称						

结构	内容	具体指标	配分	等级及分值					工艺员	编程员	操作员	检验员	核算员	后勤员	后勤员
				A	B	C	D	E							
团队 (15分)	团队	积极合作	5	5	4	3	2	1							
		互帮互助	5	5	4	3	2	1							
		班组全局观	5	5	4	3	2	1							
敬业 (15分)	敬业	精益求精	5	5	4	3	2	1							
		勇担责任	5	5	4	3	2	1							
		出勤情况	5	5	4	3	2	1							
互评分数总得分															
考核等级:优(90~100)　良(80~90)　合格(70~80)　及格(60~70)　不及格(60以下)															

引导问题 20：**在整个任务完成过程中,各生产组表现如何?**

教师逐次点评各组,并请指导老师在表 3.1.14 中对你的班组进行评价吧。

表 3.1.14　教师评价表

教师评价表			班级	姓名	零件号	零件名称	

评价项目	评价要求	配分	评分标准	得分
任务环节表现	工艺制订	分析准确	3	不合理一处扣1分,漏一处扣2分,扣完为止	
		熟练查表	2	不熟练扣1分,不会无分	
	程序编制	编程规范	4	不规范一处扣1分,扣完为止	
		正确验证	4	验证错误或不合理且无改进,一处扣1分, 扣完为止,无验证环节不得分	
	操作实施	操作规范	10	不规范一处扣1分,扣完为止	
		摆放整齐	3	摆放不整齐无分	
		加工无误	10	有一次事故无分	
		工件完整	3	有一处缺陷扣1分,扣完为止	
		安全着装	1	违反一处扣1分,扣完为止	
	质量检验	规范检测	4	不规范一处扣1分,扣完为止	
		质量合格	4	加工一次不合格扣2分,扣完为止	
	废料管理	正确分析	4	分析不正确一处扣1分,扣完为止	
		及时管理	3	放学即清,拖沓无分	

续表

教师评价表			班级	姓名	零件号	零件名称	
评价项目		评价要求	配分	评分标准			得分
任务环节表现	成本核算	正确计算	3	概念不正确或计算错误无分			
		正确分析	2	成本分析不合理、不到位或错误无分			
	加工复盘	讨论热烈	2	不热烈无分			
		表述丰富	2	内容不足横线一半扣1分,不写无分			
		言之有物	2	内容不能落实,不具操作性无分			
	考核评价	自评认真	2	不认真无分			
		互评中立	2	不客观或有主观故意成分无分			
综合表现	团队协作	支持信任	5	有良性互动,一次加1分,加满为止			
		目标一致	5	多数组员一致加3分,全体一致满分			
	精神面貌	工作热情	5	一名组员热情加1分,加满为止			
		乐观精神	5	一名组员不畏难加2分,加满为止			
	沟通	交流顺畅	5	一名组员积极加1分,加满为止			
	批判	质疑发问	5	发问提建议,一次加1分,加满为止			
总评分			100	总得分			
		教师签字					

任务二 制退器制作

表 3.2.1 任务卡

任务名称			实施场所		
班级			姓名		
组别			建议学时	10 学时	
知识目标	1.了解平行面的技术要求； 2.掌握平行面的铣削方法； 3.掌握平行面的测量方法。				
技能目标	1.能够正确选择铣刀、装夹方法、确定铣削用量； 2.能够铣削合格的平行面。				
思政目标	绿色环保,正确生态观				
教学重点	平行面铣削				
教学难点	平行度检测				
任务图					
任务准备	毛坯尺寸	100mm×50mm×20mm 的铝板			
	设备及附件	数控铣床、平口钳等			
	技术资料	编程手册、机械手册等			
	劳保用品	帆布手套、工作服、电工鞋等			
学习任务环节设置					
	环节 1	环节 2	环节 3	环节 4	环节 5	环节 6	环节 7	环节 8
	工艺制订	程序编制	操作实施	质量检验	废弃管理	成本核算	加工复盘	考核评价
环节责任								
时长记录								

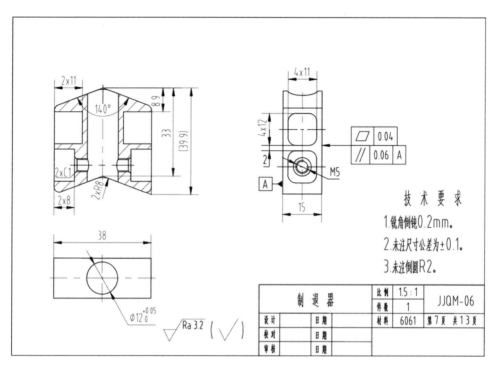

图 3.2.1　制退器零件图

工艺制订

引导问题 1：读了零件图，你有没有发现错漏、模糊或读不明白的地方？
有的话请写下来。

_____

_____

引导问题 2：读了零件图，有没有发现某个或某些特征与其他零件相似？ 有哪些可
以借鉴的地方？

_____

_____

引导问题 3：识读零件图，并按下列要求分析，并填写到相应的横线上。

结构分析：_____

_____

_____

技术要求分析：_____

_____

_____

工艺措施：_____

_____

能量点 1

平行面的技术要求

（1）形状精度：平面本身的直线度、平面度。

（2）位置精度：平面与平面间的平行度。

平面平行度——指两平面平行的程度，指一平面相对于另一平面平行的误差最大允许值。

（3）表面质量：表面粗糙度等。

 引导问题4：**为了保证制退器加工质量，可以采用下列哪种装夹方案？**

班组讨论，并从附页中选择贴图，并撕下贴到本题目对应选项下方的虚线框中。

能量点 2

装夹条件

在铣床上用平口钳装夹进行铣削时，平口钳的固定钳口和钳体导轨面都将作为装夹工件时的定位基准面。

将工件的基准面紧贴钳体导轨面，若工件高度低于平口钳钳口高度时，则在装夹时在工件基准面与平口钳钳体导轨面之间垫两块厚度相等的平行垫铁。加紧工件时，需用铜锤将工件轻轻敲实。

 引导问题5：**在制退器的加工过程中，需要用到刀具有哪些？这些刀具的规格又是什么样的？**

班组讨论。在图3.2.2中所选择的刀具下方括号内打钩，并填表3.2.2。

表中应填写的刀具包括并不仅限于图3.2.2中的刀具。

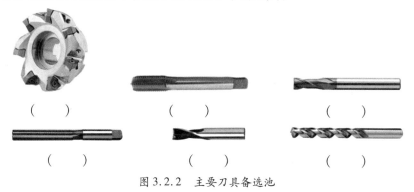

（　　）　　　　（　　）　　　　（　　）

（　　）　　　　（　　）　　　　（　　）

图3.2.2　主要刀具备选池

表3.2.2　刀具卡

刀具卡				班级	组别	零件号	零件名称
序号	刀具号	刀具名称	数量	加工表面	刀尖半径(mm)	刀具规格(mm)	
1							
2							
3							
4							
5							
6							
责任		签字		审核		审定	

能量点3

确定平面铣削方法和铣刀

1.铣削方法

根据铣刀在切削时切削刃与工件接触的位置不同,铣削方法可分为周铣、端铣以及周铣与端铣同时进行的混合铣削。

1）圆周铣

圆周铣简称周铣,是用分布在铣刀圆周面上的切削刃来铣削并形成已加工表面的一种铣削方法。进行周铣时,铣刀的旋转轴线与工件被加工表面平行。

2）端面铣

端面铣简称端铣,是用分布在铣刀端面上的切削刃铣削并形成已加工表面的一种铣削方法。进行端铣时,铣刀的旋转轴线与工件被加工表面垂直。

端面铣削时的顺铣和逆铣(图3.2.3)

端铣时,根据铣刀和工件不同的相对位置,可分为对称铣削和不对称铣削。

(1)对称端铣:用端铣刀铣削平面时,铣刀处于工件铣削层宽度中间位置的铣削方式,称为对称端铣。见图

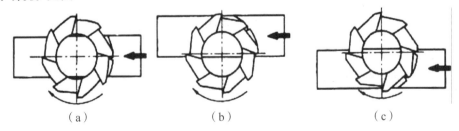

（a）　　　　　　　　　（b）　　　　　　　　　（c）

图3.2.3　对称端铣与不对称端铣

(a)对称端铣;(b)不对称端铣(逆铣);(c)不对称端铣(顺铣)

（2）不对称端铣：用端铣刀铣削平面时，工件铣削层宽度在铣刀中心两边不相等的铣削方式，称为不对称端铣。不对称端铣时，当进刀部分大于出刀部分时，称为逆铣，见图 3.2.3（b）。反之称为顺铣，见图 3.2.3（c）。顺铣时，同样有可能拉动工作台，造成严重后果，因此一般不采用。

3）混合铣削

混合铣削简称混合铣，是指在铣削时铣刀的圆周刃与端面刃同时参与切削的铣削方法。进行混合铣时，工件上会同时形成两个或两个以上的已加工表面。

端铣时铣刀所受的铣削力主要为轴向力，加之端铣刀刀柄较短，所以刚性高，同时参与切削的齿数多，因此振动小，铣削平稳，效率高。所以在单一平面的铣削中大多采用端面铣削。

2.选择铣刀

1）粗铣加工

粗铣加工时应选用粗齿铣刀；铣刀的直径按工件的切削层深度大小而定，切削层深度大，铣刀的直径也应选大些，端铣刀的直径应大于工件加工面的宽度，一般为它的 1.2～1.5 倍；在卧式铣床上用圆柱形铣刀周铣平面时，圆柱形铣刀的宽度应大于工件加工表面的宽度。

2）精铣加工

精铣加工时应选用细齿铣刀；铣刀直径应取大些，因为其刀柄直径相应较大，刚性较好，铣削时平稳，能够保证加工表面的质量。

引导问题6：**需要按照什么样的工艺顺序来加工制退器？应该拟定一个什么样的工艺路线？**

完成下面的题目。

加工顺序，指在零件的生产过程中对各工序的顺序安排，又称工艺路线。工序是工艺路线的组成部分，通常包括切削工序、热处理工序和辅助工序。鉴于实训室的条件，可以只考虑切削工序和辅助工序。根据零件图和加工要求，勾选加工顺序安排的原则（可多选）：

□ 先主后次原则　　　□ 基面先行原则　　　□ 先面后孔原则

□ 先粗后精原则　　　□ 先内后外原则　　　□ 工序集中原则

□ 刚性破坏小原则

拟定工艺路线：_____

_____。

还有没有更好的工艺路线？也写下来：_____

_____（没有可不填）

引导问题7：**前面做了这么多的分析，内容比较分散，不利于批量生产加工过程的流程化、标准化，怎么才能避免这个问题呢？**

填了表 3.2.3，同学们就明白了。

引导问题8：**每道工序里都做些什么？**

请根据表 3.2.3 中划分的工序，在表 3.2.4 中填写工步内容和与之对应的参数值。

表 3. 2. 3　机械加工工艺过程卡

机械加工工艺过程卡片

名称											班级	组别		零件号	零件名称
	材料及材料消耗定额											总工艺路线			
	牌号	规格	单件定额	零件净重	毛坯种类	每个毛坯可制零件数									
序号	工序内容			设备		工装					工时		优化工时		备注
				名称	型号	夹具	刀具	量具	辅具	辅料	单件工时	准备结束时间	单件工时	准备结束时间	
编制				审核					审定				共　页		第　页

表 3.2.4 机械加工工序卡

机械加工工序卡片

班级	组别	零件号	零件名称	工序号	工序名
			设备名称		
			设备型号		
			夹具名称		
			工序工时	准终	
				单件	

工步号	工步内容	工艺装备	主轴转速	进给量	背吃刀量	工步工时		优化工时	
						机动	辅助	机动	辅助

责任	签字	审核	审定	共 页	第 页

119

能量点 4

确定平面铣削用量

（1）端铣时的背吃刀量 a_p 和周铣时的侧吃刀量 a_c

在粗加工时，若加工余量不大，可一次切除；精铣时，每次的吃刀量要小一些，一般为 0.5～1mm。

（2）端铣时的侧吃刀量 a_c 和周铣时的背吃刀量 a_p

端铣时的侧吃刀量和周铣时的背吃刀量一般与工件加工面的宽度相等。

（3）每齿进给量 f_z

通常取每齿进给量 $f_z = 0.02～0.3$mm/z，粗铣时，每齿进给量要取大一些，精铣时，每齿进给量则应取小一些。

（4）铣削速度 v_c

根据工件材料及铣刀切削刃材料等的不同，所采用的铣削速度也不同。

用高速钢铣刀铣削时，一般取 16～35m/min，粗铣时应取较小值，精铣时应取较大值。用硬质合金端铣刀进行高速铣削时，一般取 $V_c = 80～120$m/min。

程序编制

引导问题 9：**我们编制程序的时候，是手动编程还是自动编程呢？**

工艺制订完成后，需要依据工艺编制程序。我们会发现在某些工序中零件特征或工艺等较复杂，建议自动编程，否则可以手动编程。具体使用哪种编程方法由编程岗自主确定。自动编程，则填写表3.2.5。

表3.2.5　程序编制记录卡

程序编制记录卡片				班级	组别	零件号	零件名称
序号	工序内容	编制方式（手/自）	完成情况	程序名	优化一	优化二	程序存放位置
责任		签字					

手动编程部分，可以把程序单写在表3.2.6 中。

表 3.2.6 手工编程程序单

手工编程程序单			班级	组别	零件名称
行号	程序内容	备注	行号	程序内容	备注

引导问题 10：**程序编制完成后，就可以直接导入机床进行加工吗？**

程序编制过程中可能会出现一些错误，因此自动编程需要程序仿真，手动编程需要程序校验来验证程序的正确性和合理性。如果有不正确或不合理的，记录到表 3.2.7 中。

表 3.2.7 程序验证改进表

序号	需要改动的内容	改进措施
1		
2		
3		
4		

操作实施

引导问题 11：该做的前期工作已经做完,下面要进行机床操作,这是本课程的首次机床操作环节,最需要注意什么？（单选）

☐ 对刀　　　☐ 安全　　　☐ 素养　　　☐ 态度

操作前需要做以下工作:

(1)检查着装:安全帽,电工鞋,工作帽(女生),目镜,手套等。

(2)复习操作规范:烂熟于心。

(3)检查设备:设备的安全装置功能正常;熟悉急停按钮位置。

(4)检查医疗应急用品:碘酊、创可贴、棉签、纱布、医用胶布等。

(5)现场环境的清理。

(6)诵号:技能诚可贵,安全价更高。

引导问题 12：在加工制退器时,有没有发生意料之外的问题？ 你又是如何解决的？

_____

_____

_____

_____。

引导问题 13：在加工过程中,如何检测螺纹是否满足加工要求？

_____

_____

_____

_____。

引导问题 14：在制退器加工过程中应当注意什么？

注意事项:

(1)开机前应注意铣刀盘和刀头是否与工件、平口钳相撞。

(2)铣刀旋转后应检查铣刀旋转方向是否正确。

(3)切屑应飞向床身体一侧,以免伤到操作者。

(4)加工过程中要使基准面紧贴固定钳口装夹,如果不能紧贴,可在活动钳口处加持一圆棒料,圆棒的位置应放在虎钳夹持工件的中心位置略微偏下一点。

(5)工件在单件生产时,一般都采用"铣削→测量→铣削"循环进行预检,一直到尺寸或精度符合要求为止。

(6)用游标卡尺或千分尺测量尺寸的实际余量;

(7)精铣平面,用刀口形直尺预检精铣后表面的平面度,若精铣的平面其平面度未达到要求,表面粗糙度也未达到,应调整铣削参数或更换铣刀。

质量检验

📝 **引导问题 15：加工生产出的零件是不是可以直接作为合格件入库？**

零件加工完成后，需要质检员对零件质量进行检测，且检测合格后方可入库，同时质检员需填写检验卡片。如果检验不合格，需重做，并重新填写相应工艺表格，空白表格可从附录中获取。

表 3.2.8　质量检验卡

检验卡片				班级	组别	零件号	零件名
责任		签字				JJQM-01	调焦钮
序号	检验项目	检验内容	技术要求	自测	检测	改进措施	改进成效
1	轮廓尺寸	38±0.1	不得超差				
2		33±0.1	不得超差				
3		15±0.1	不得超差				
4		2-R8	不得超差				
5		角度	140°				
6	方槽	4-11±0.1	不得超差				
7		4-12±0.1	不得超差				
8		2-×11±0.1	不得超差				
9		2-×8±0.1	不得超差				
10		8.9±0.1	不得超差				
11		2±0.1	不得超差				
12	孔	$\phi 10_0^{+0.05}$	不得超差				
13		2-M5	不得超差				
14	其他	倒角	C1				
15		倒圆	R2				
16		表面粗糙度	Ra3.2				
17		锐角倒钝	C0.2				
18	形位公差	平面度	0.04				
19		平行度	0.06				

能量点 5

1. 平面度

制退器侧腔为非配合部分，目测无崩边或表面穿透，则测量上下表面的平面度即可。具体检测可采用刀口形直尺法、塞尺法和打表法。

1）刀口形直尺法

各方向的直线度均应在要求范围内。

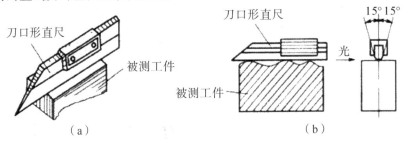

图 3.2.4　刀口形直尺法

如图所示,使用时,将刀口形直尺与被测量表面贴紧,并朝与刀口垂直的方向轻微摆动直尺,其摆动幅度为15°左右,如图 3.2.4(b)所示。在摆动过程中,细致观察两者之间的透光缝隙大小,透过的缝隙即是被测表面的直线度误差。若透光细而均匀,则平面平行。用刀口形直尺测量平面的平面度或直线度时,除沿工件的纵向和横向检查外,还应沿对角线方向进行检查。

2）塞尺法

（1）将工件放置在检测平台上,让待检测面与平台贴合。

（2）用 0.025mm 的塞尺从工件边缘塞入,反复从多位置检测,若塞入则平面度超差,若不能塞入则平面度符合要求。

（3）将工件翻转,用同样的方法检测另一面。

图 3.2.5　塞尺法

2. 平行度

1）游标卡尺或千分尺法

用游标卡尺或千分尺检测被测平面间不同部位的距离尺寸,测量时所测量得最大尺寸与最小尺寸之差即可认为是两平面之间的平行度误差。但应注意,这种检测方法会将基准面的平面度误差带入到平行度的检测中来。

2）百分表法

对于精度要求较高的平行平面,也可在检验平台上通过百分表在工件四角及中部的读数差值来检测两平面间的平行度误差。步骤如下。

（1）将工件放置在检测平台上,让待检测面朝上。

（2）将百分表吸附在检测平台上,检测头接触工件并压紧使指针旋转两圈左右。

（3）沿工件长度方向的一边开始,画 S 线检测到另一边,检测路径宽度需要覆盖整个工件宽度。记录检测到的最大值与最小值,相减即可得到检测值。

（4）比较检测值,若不大于要求值,则面与面平行度符合要求。

废弃管理

引导问题 16：分析一下，废件质量为什么不合格？

填写下面分析表。

表 3.2.9 废件质量分析表

序号	废件产生原因（why）	改进措施（how）	其他

能量点 6

平面质量异常分析

表 3.2.10 平面质量分析表

问题	原因	改进措施
平面度超差	工件变形	检查夹紧点是否在工件刚度最好的位置；在工件的适当位置增设可锁紧的辅助支承，以提高工件刚度；检查定位基面是否有毛刺、杂物、是否全部接触在工件的安装夹紧过程中应遵照由中间向两侧或对角顺次夹紧的原则避免由于夹紧顺序不当而引起的工件变形；采用小余量，低速度大进给铣削，尽可能降低铣削时工件的温度变化；精铣前，放松工件后再夹紧，以消除精铣时的工件变形。
	铣刀轴心线与工件不垂直	校准铣刀轴线与工件平面的垂直度，避免产生工件表面铣削时下凹。
平面平行度超差	工件基准面与机用虎钳导轨面不平行	1. 垫铁的厚度不相等。应把两块平行垫铁在平面磨床上同时磨出。 2. 平行垫铁的上下表面与工件和导轨之间有杂物。应用干净的棉布擦去杂物。 3. 当活动钳口夹紧工件而受力时，会使活动钳口上翘，工件靠近活动钳口的一边向上抬起。因此在铣平面时，工件夹紧后，须用铜锤或木榔头轻轻敲击工件顶面，直到两块平行垫铁的四端都没有松动现象为止。 4. 工件上和固定钳口相对的平面与基准面不垂直，夹紧时应使该平面与固定钳口紧密贴合。
	机用虎钳的导轨面与工作台台面不平行	机用虎钳的导轨面与工作台台面不平行的原因是机用虎钳底面与工作台台面之间有杂物，以及导轨面本身不准。因此，应注意剔除毛刺和切屑，必要时，需检查导轨面与工作台台面的平行度。
	加工平面与基面不平行	夹紧力过大，造成工件变形。

续表

问题	原因	改进措施
表面粗糙度超差	采用了不对称顺	调整铣削位置。
	铣刀质量差和过早磨损	刃磨或更换刀具或刀片。
	铣削用量偏大	降低每齿进给量。
	产生振动	检查工作台镶条消除其间隙以及其他运动部件的间隙;检查主轴孔与刀杆配合及刀杆与铣刀配合;消除其间隙或在刀杆上加装惯性飞轮。

引导问题 17:加工中产生的切屑、废件等废弃物怎么处理?

加工中产生的废弃物主要包括切屑、废件等,而废机油和更换切削液后的废液等都是在相应使用期限后才产生,因此不计入日常废弃物收集。请后勤员做好废物的收集,并做好表格记录工作。

表 3.2.11　废料收集记录卡

废料收集记录卡片					班级	组别	零件号	零件名称
序号	材质	类别	重量(kg)	存放位置	处理时间		收集人	备注
责任		签字		审核			审定	

成本核算

引导问题 18:生产制退器付出了多少成本?

本任务采用成本核算方法中的平行结转分步法,因此只计算本任务中产生的生产费用,期间费用不在此任务中计算。请本组核算员根据设备实际使用情况填写下表。相关计算见附录中成本核算部分。

表 3.2.12　生产成本核算表

生产成本核算表			班级	组别	零件号	零件名称
制造费用	电费/折旧	使用设备/用品	功率	使用时长	电力价格	电费	折旧费
	劳保	用品	规格	单价	数量	费用	备注
	刀具损失	刀具名称	规格	单价	数量	费用	备注
		小计					
材料费用		材料名称	牌号	用量	单价	材料费用	
		小计					
人工费用		岗位名称	工时	时薪	人工费用	备注	
		组长					
		编程员					
		操作员					
		检验员					
		核算员					
		后勤员				岗位数视情况	
		小计					
总计							
责任		签字		审核		审定	

加工复盘

引导问题 19：制退器的加工已经结束，补齐非本人岗位的内容，并以班组为单位回顾下整个过程，本人或本人的班组有没有成长？

新学到的东西：_____

_____

_____

_____

_____ 。

不足之处及原因：_____

_____

_____

_____

_____ 。

经验总结：_____

_____

_____

_____

_____ 。

落地转化：_____

_____

_____

_____

_____ 。

考核评价

引导问题 20：本任务即将结束，同学们觉得本人的工作表现怎么样？

在表 3.2.13 中本人岗位对应的位置做评价。

表 3.2.13 自评表

自评表					班级	组别		姓名		零件号		零件名称	
结构	内容	具体指标	配分	等级及分值					工艺员	编程员	操作员	检验员	核算员	后勤员	后勤员

结构	内容	具体指标	配分	A	B	C	D	E	工艺员	编程员	操作员	检验员	核算员	后勤员	后勤员
工作业绩 (50分)	完成情况	职责完成度	15	15	12	9	7	4							
		临时任务完成度	15	15	12	9	7	4							
	工作质效	积极主动	5	5	4	3	2	1							
		不拖拉	5	5	4	3	2	1							
		克难效果	5	5	4	3	2	1							
		信守承诺	5	5	4	3	2	1							
业务素质 (20分)	业务水平	任务掌握度	5	5	4	3	2	1							
		知识掌握度	5	5	4	3	2	1							
		技能掌握度	5	5	4	3	2	1							
		善于钻研	5	5	4	3	2	1							
团队 (15分)	团队	积极合作	5	5	4	3	2	1							
		互帮互助	5	5	4	3	2	1							
		班组全局观	5	5	4	3	2	1							
敬业 (15分)	敬业	精益求精	5	5	4	3	2	1							
		勇担责任	5	5	4	3	2	1							
		出勤情况	5	5	4	3	2	1							
自评分数总得分															
考核等级:优(90~100) 良(80~90) 合格(70~80) 及格(60~70) 不及格(60以下)															

📝 引导问题 21:同学们觉得本人班组内各岗位人员工作表现怎么样?

在表 3.2.14 的组内互评表中对其他组员做个评价吧。

表 3.2.14 互评表

互评表					班级	组别		姓名		零件号		零件名称	
结构	内容	具体指标	配分	等级及分值					工艺员	编程员	操作员	检验员	核算员	后勤员	后勤员

结构	内容	具体指标	配分	A	B	C	D	E	工艺员	编程员	操作员	检验员	核算员	后勤员	后勤员
工作业绩 (50分)	完成情况	职责完成度	15	15	12	9	7	4							
		临时任务完成度	15	15	12	9	7	4							

互评表			班级	组别	姓名	零件号		零件名称		

结构	内容	具体指标	配分	等级及分值					工艺员	编程员	操作员	检验员	核算员	后勤员	后勤员
				A	B	C	D	E							
工作业绩 (50分)	工作质效	积极主动	5	5	4	3	2	1							
		不拖拉	5	5	4	3	2	1							
		克难效果	5	5	4	3	2	1							
		信守承诺	5	5	4	3	2	1							
业务素质 (20分)	业务水平	任务掌握度	5	5	4	3	2	1							
		知识掌握度	5	5	4	3	2	1							
		技能掌握度	5	5	4	3	2	1							
		善于钻研	5	5	4	3	2	1							
团队 (15分)	团队	积极合作	5	5	4	3	2	1							
		互帮互助	5	5	4	3	2	1							
		班组全局观	5	5	4	3	2	1							
敬业 (15分)	敬业	精益求精	5	5	4	3	2	1							
		勇担责任	5	5	4	3	2	1							
		出勤情况	5	5	4	3	2	1							
互评分数总得分															
考核等级:优(90~100) 良(80~90) 合格(70~80) 及格(60~70) 不及格(60以下)															

引导问题 22：在整个任务完成过程中,各生产组表现如何?

教师逐次点评各组,并请指导老师在表 3.2.15 中对你的班组进行评价吧。

表 3.2.15 教师评价表

教师评价表			班级	姓名	零件号		零件名称	

评价项目		评价要求	配分	评分标准	得分
任务环节表现	工艺制订	分析准确	3	不合理一处扣1分,漏一处扣2分,扣完为止	
		熟练查表	2	不熟练扣1分,不会无分	
	程序编制	编程规范	4	不规范一处扣1分,扣完为止	
		正确验证	4	验证错误或不合理且无改进,一处扣1分, 扣完为止,无验证环节不得分	

教师评价表			班级	姓名	零件号	零件名称
评价项目	评价要求	配分	评分标准			得分
任务环节表现	操作实施	操作规范	10	不规范一处扣1分,扣完为止		
		摆放整齐	3	摆放不整齐无分		
		加工无误	10	有一次事故无分		
		工件完整	3	有一处缺陷扣1分,扣完为止		
		安全着装	1	违反一处扣1分,扣完为止		
	质量检验	规范检测	4	不规范一处扣1分,扣完为止		
		质量合格	4	加工一次不合格扣2分,扣完为止		
	废料管理	正确分析	4	分析不正确一处扣1分,扣完为止		
		及时管理	3	放学即清,拖沓无分		
	成本核算	正确计算	3	概念不正确或计算错误无分		
		正确分析	2	成本分析不合理、不到位或错误无分		
	加工复盘	讨论热烈	2	不热烈无分		
		表述丰富	2	内容不足横线一半扣1分,不写无分		
		言之有物	2	内容不能落实,不具操作性无分		
	考核评价	自评认真	2	不认真无分		
		互评中立	2	不客观或有主观故意成分无分		
综合表现	团队协作	支持信任	5	有良性互动,一次加1分,加满为止		
		目标一致	5	多数组员一致加3分,全体一致满分		
	精神面貌	工作热情	5	一名组员热情加1分,加满为止		
		乐观精神	5	一名组员不畏难加2分,加满为止		
	沟通	交流顺畅	5	一名组员积极加1分,加满为止		
	批判	质疑发问	5	发问提建议,一次加1分,加满为止		
总评分			100	总得分		
	教师签字					

任务三　镜架制作

工作任务

表 3.3.1　任务卡

任务名称			实施场所	
班级			姓名	
组别			建议学时	10 学时
知识目标	1.掌握攻丝时确定底孔直径的方法； 2.掌握机攻螺纹的编程指令 G84。			
技能目标	1.能够查表获取螺纹底孔直径； 2.能够正确编制攻螺纹程序，并攻出合格的螺纹。			
思政目标	授人以鱼不如授人以渔			
教学重点	机攻螺纹			
教学难点	G84 指令的使用			
任务图				
任务准备	毛坯尺寸	50mm×25mm×20mm 的铝板		
	设备及附件	数控车床、平口钳等		
	技术资料	编程手册、机械手册等		
	劳保用品	帆布手套、工作服、电工鞋等		
学习任务环节设置				

	环节 1	环节 2	环节 3	环节 4	环节 5	环节 6	环节 7	环节 8
	工艺制订	程序编制	操作实施	质量检验	废弃管理	成本核算	加工复盘	考核评价
环节责任								
时长记录								

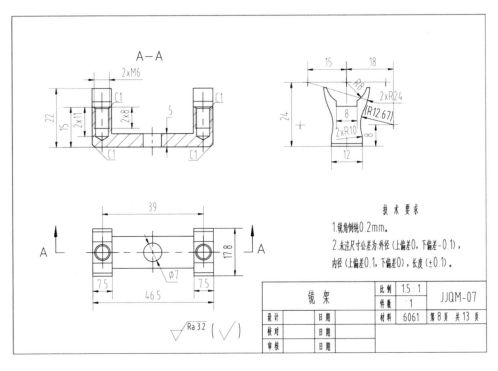

图 3.3.1 镜架零件图

工艺制订

引导问题 1：读了零件图，你有没有发现错漏、模糊或读不明白的地方？
有的话请写下来。

_____

引导问题 2：读了零件图，有没有发现某个或某些特征与其他零件相似？ 有哪些可以借鉴的地方？

_____

_____

引导问题 3：识读零件图，并按下列要求分析，并填写到相应的横线上。

结构分析：_____

_____

_____

技术要求分析：_____

_____

_____

工艺措施：_____

_____

_____

引导问题4：为了保证支架加工质量,可以采用下列哪种装夹方案?

班组讨论,并从附页中选择贴图,并撕下贴到本题目对应选项下方的虚线框中。

引导问题5：在支架的加工过程中,需要用到刀具有哪些? 这些刀具的规格又是什么样的?

班组讨论。在图3.3.2中所选择的刀具下方括号内打钩,并填表3.3.2。

表中应填写的刀具包括并不仅限于图3.3.2中的刀具。

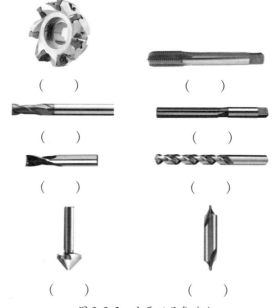

( ) ( )

( ) ( )

( ) ( )

( ) ( )

图3.3.2　主要刀具备选池

表3.3.2　刀具卡

刀具卡				班级	组别	零件号	零件名称	
序号	刀具号	刀具名称	数量	加工表面	刀尖半径(mm)		刀具规格(mm)	
1								
2								
3								
4								
5								
6								
责任		签字		审核			审定	

能量点1

机攻螺纹刀具

用丝锥在孔中切削加工内螺纹的方法称为攻螺纹。其加工过程由数控铣床自动控制的攻丝称为机攻螺纹,生产效率和质量得到了提高。一般只有小直径、小螺距的螺纹采用攻丝加工的方法。一般情况下 M6 ~ M16、螺距小于 2 的精度不高的内螺纹较适合在数控铣床上采用攻丝加工。

1. 丝锥

1)丝锥的种类

丝锥是模具钳工加工内螺纹的工具,分手用丝锥和机用丝锥两种,有粗牙和细牙之分。机用丝锥和手用丝锥是切制普通螺纹的标准丝锥。我国习惯上把制造精度较高的高速钢磨牙丝锥称为机用丝锥,其动作部分又分切削部分和校准部分,前者磨有切削锥,担负切削动作,后者用以校准螺纹的尺寸和形状。把碳素工具钢或合金工具钢的滚牙(或切牙)丝锥称为手用丝锥,实际上两者的结构和动作原理基本相同。通常,丝锥由动作部分和柄部组成。两者的导向刃不同,因为切削工具不同,手用的导向刃设计较长,机用的较短。

2)丝锥的构造

丝锥由工作部分和柄部两部分组成,如图 3.3.3 所示。柄部有方榫,用来传递转矩,工作部分包括切削部分和校准部分。

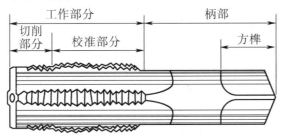

图 3.3.3　丝锥组成结构

切削部分担负主要切削工作。切削部分沿轴向方向开有几条容屑槽,形成切削刃和前角,同时能容纳切屑。在切削部分前端磨出锥角,使切削负荷分布在几个刀齿上,从而使切削省力,刀齿受力均匀,不易崩刃或折断,丝锥也容易正确切入。

3)丝锥的几何参数

(1)前角、后角和倒锥。

表 3.3.3　不同材料丝锥的前角

材料	铸铁	硬钢	中碳钢	低碳钢	不锈钢	铝合金
前角 γ	5°	5°	10°	15°	15° ~ 20°	20° ~ 30°

后角 α_0,一般用手用丝锥 $\alpha_0 = 6° ~ 8°$,机用丝锥 $\alpha_0 = 10° ~ 12°$,齿侧为零度。

(2)容屑槽。M8 以下的丝锥一般是三条容屑槽,M8 ~ 12 的丝锥有三条也有四条的,M12 以上的丝锥一般是四条容屑槽。较大的手用和机用丝锥及管螺纹丝锥也有六条容屑槽的。

2.机攻螺纹的方法

攻螺纹时,每个切削刃一方面在切削金属,一方面也在挤压金属,因而会产生金属凸起并向牙尖流动的现象,被丝锥挤出的金属会卡住丝锥甚至将其折断,因此底孔直径应比螺纹小径略大,这样挤出的金属流向牙尖正好形成完整螺纹,又不易卡住丝锥,如图所示。

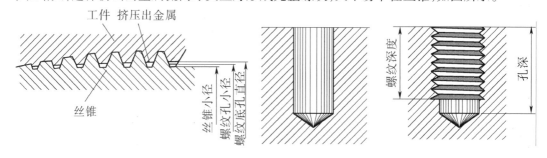

图 3.3.4　机攻螺纹

1)螺纹底孔直径

螺纹底孔直径的大小,应根据工件材料的塑性和钻孔时的扩张量来考虑,使攻螺纹时既有足够的空隙来容纳被挤出的材料,又能保证加工出来的螺纹具有完整的牙形。

螺纹底孔直径可以公式计算得到,也可查表获取。

表 3.3.4　螺纹底孔直径表

被加工材料和扩张量	钻头直径计算公式
钢和其他塑性大的材料,扩张量中等	D0 = D – P
铸铁和其他塑性小的材料,扩张量较小	D0 = D – (1.05 ~ 1.1)P

2)孔口倒角

钻孔后孔口倒角(攻通孔时两面孔口都应倒角),90°锪钻钻倒角,如图所示,使倒角的最大直径和螺纹的公称直径相等,便于起锥,最后一道螺纹不至于在丝锥穿出来的时候崩裂。

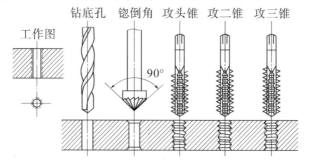

图 3.3.5　攻丝过程

引导问题 6:**需要按照什么样的工艺顺序来加工调焦钮? 应该拟定一个什么样的工艺路线?**

完成下面的题目。

加工顺序,指在零件的生产过程中对各工序的顺序安排,又称工艺路线。工序是工艺路线的组成部分,通常包括切削工序、热处理工序和辅助工序。鉴于实训室的条件,可以只考虑切削工序和辅助工序。根据零件图和加工要求,勾选加工顺序安排的原则(可多选):

☐ 先主后次原则　　☐ 基面先行原则　　☐ 先面后孔原则

☐ 先粗后精原则　　☐ 先内后外原则　　☐ 工序集中原则

☐ 刚性破坏小原则

拟定工艺路线:_____

_____

_____。

还有没有更好的工艺路线? 也写下来:_____

_____

_____(没有可不填)

引导问题 7:**前面做了这么多的分析,内容比较分散,不利于批量生产加工过程的流程化、标准化,怎么才能避免这个问题呢?**

填了表3.3.5,同学们就明白了。

引导问题 8:**每道工序里都做些什么?**

请根据表3.3.5 中划分的工序,在表3.3.6 中填写工步内容和与之对应的参数值。

表 3.3.5　机械加工工艺过程卡片

机械加工工艺过程卡片

名称		班级		组别		零件号		零件名称	

名称	牌号	规格	材料及材料消耗定额					总工艺路线	
			单件定额	零件净重	毛坯种类	每个毛坯可制零件数			

序号	工序内容	设备		工装				工时		优化工时		备注
		名称	型号	夹具	刀具	量具	辅具	辅料	单件工时	准备结束时间	单件工时	准备结束时间

编制		审核		审定		共　页　第　页	

表 3.3.6 机械加工工序卡

机械加工工序卡片

班级	组别	零件号	零件名称	工序号	工序名
			设备名称		
			设备型号		
			夹具名称		
			工序工时	准终	
				单件	

工步号	工步内容	工艺装备	主轴转速	进给量	背吃刀量	工步工时		优化工时	
						机动	辅助	机动	辅助

责任	签字	审核	审定	共 页	第 页

程序编制 ▶

📝 引导问题9：我们编制程序的时候,是手动编程还是自动编程呢?

工艺制订完成后,需要依据工艺编制程序。我们会发现在某些工序中零件特征或工艺等较复杂,建议自动编程,否则可以手动编程。具体使用哪种编程方法由编程岗自主确定。自动编程,则填写表3.3.7。

表3.3.7　程序编制记录卡

程序编制记录卡片				班级	组别	零件号	零件名称
序号	工序内容	编制方式(手/自)	完成情况	程序名	优化一	优化二	程序存放位置
责任		签字					

手动编程部分,可以把程序单写在表3.3.8中。

表3.3.8　手工编程程序单

手工编程程序单			班级	组别	零件名称
行号	程序内容	备注	行号	程序内容	备注

手工编程程序单			班级	组别	零件名称
行号	程序内容	备注	行号	程序内容	备注

能量点2

机攻螺纹数控编程

攻丝加工的编程指令为 G84 右螺旋攻螺纹循环指令,其格式为: G84X_Y_Z_R_F_

其中:

X、Y 为螺纹孔中心的坐标,

Z 为螺纹孔底深度的坐标,

R 为参考点平面的位置,

F 为进给速度。攻螺纹过程要求主轴转速 S 与进给速度 F 成严格的比例关系,因此,编程时要求根据主轴转速计算进给速度,进给速度 F = 主轴转速×螺纹螺距,且需用刚性攻牙 M29S。

G84 右螺旋攻螺纹循环指令的加工动作过程为:

第一步,主轴正转,丝锥快速定位到初始平面的螺纹加工循环起始点(X,Y);

第二步,丝锥沿 Z 方向快速运动到参考平面 R;

第三步,攻丝加工至孔深尺寸;

第四步,在孔底主轴反转;

第五步,丝锥以进给速度反转退回到参考平面 R;当使用 G98 指令时,丝锥快速退回到初始平面。

说明:G84 攻螺纹时主轴正转,退出时反转。与钻孔不同的是攻螺纹结束后的返回过程不是快速运动,而是以进给速度反转退出。该指令执行前可不启动主轴,执行该指令时,系统将自动启动主轴正转。

例:孔进行攻右旋螺纹,攻螺纹深度10mm,选用T02号刀具(M12丝锥、螺距为2)。

00020

N010 G00 G90 G54 X10.Y10.S150;

N020 G43 Z10.0 H02 M03;

N030 M29 S150;刚性攻螺纹指令

N040 G84 G99 Z - 10.R5.0 F300;攻螺纹深度10mm,F = 150 × 2 = 300mm/min

N050 X50.;

N060 Y30.;

N070 X10.;

N080 G80

N090 G00 Z30.0

N100 M30;

引导问题10:**程序编制完成后,就可以直接导入机床进行加工吗?**

程序编制过程中可能会出现一些错误,因此自动编程需要程序仿真,手动编程需要程序校验来验证程序的正确性和合理性。如果有不正确或不合理的,记录到表3.3.9中。

表3.3.9 程序验证改进表

序号	需要改动的内容	改进措施
1		
2		
3		
4		

操作实施

引导问题11:**该做的前期工作已经做完,下面要进行机床操作,这是本课程的首次机床操作环节,最需要注意什么?(单选)**

□ 对刀　　　□ 安全　　　□ 素养　　　□ 态度

操作前需要做以下工作:

(1)检查着装:安全帽,电工鞋,工作帽(女生),目镜,手套等。

(2)复习操作规范:烂熟于心。

(3)检查设备:设备的安全装置功能正常;熟悉急停按钮位置。

(4)检查医疗应急用品:碘酚、创可贴、棉签、纱布、医用胶布等。

(5)现场环境的清理。

(6)诵号:技能诚可贵,安全价更高。

引导问题 12：在加工支架时,有没发生意料外的问题？你又是如何解决的？

_____

_____ ○

能量点3

机攻螺纹可能情况及分析

表3.3.10　机攻螺纹意外事件表

事故	原因	改进措施
丝锥折断	1. 排屑不好造成切屑堵塞； 2. 攻螺纹时切削速度太快； 3. 攻螺纹用的丝锥与螺纹底孔直径不同轴。	1. 适当降低切削速度； 2. 攻螺纹时校正丝锥与底孔,保证其同轴度符合要求。
丝锥崩齿	1. 丝锥前角选择过大； 2. 丝锥使用时间长磨损严重。	1. 减小丝锥前角,加长切削长度； 2. 更换磨损的丝锥。
丝锥磨损过快	1. 攻螺纹时切削速度过高； 2. 工件的材料硬度过高； 3. 丝锥刃磨时,产生烧伤现象。	1. 适当降低切削速度； 2. 对被加工件进行适当的热处理； 3. 正确的刃磨丝锥。

引导问题 13：在支架加工过程中应当注意什么？

注意事项：

由于螺纹孔的壁厚较薄,打孔时需保证孔位置不发生偏移,且孔轴线平直。所以钻孔前需对钻头横刃和主切削刃进行修磨,保证两主切削刃长度相等并与钻头中心线对称。

打冲点时选取尖锐冲头,避免冲点形状不规则无法找准中心点。

打孔时若无法保证钻头与工件对正,可用螺栓压板将平口钳固定。试钻后若发现孔偏移,则需要修偏。将工件的孔偏移的相反的一端垫高,与钻头形成一定的夹角,如果偏移距离较大就争取垫的高一些,偏移距离较小就垫的矮一些。工件垫好后在原来的位置用力地钻一下迅速提起钻头,测量尺寸是否合格,不合格继续垫高再钻直到尺寸正确,再将垫块撤出放平工件钻孔。

质量检验

引导问题 14：加工生产出的零件是不是可以直接作为合格件入库？

零件加工完成后,需要质检员对零件质量进行检测,且检测合格后方可入库,同时质检员需填写检验卡片。如果检验不合格,需重做,并重新填写相应工艺表格,空白表格可从附录中获取。

表 3.3.11　质量检验卡

检验卡片			班级	组别	零件号	零件名
责任		签字			JJQM－01	调焦钮
序号	检验项目	检验内容	技术要求	自测	检测	改进措施	改进成效
1	轮廓尺寸	46.5 ± 0.1	不得超差				
2		7.5 ± 0.1	不得超差				
3		7.5 ± 0.1	不得超差				
4		22 ± 0.1	不得超差				
5		15 ± 0.1	不得超差				
6		5 ± 0.1	不得超差				
7		12 ± 0.1	不得超差				
8		8 ± 0.1	不得超差				
9		17.8 ± 0.1	不得超差				
10		R8	不得超差				
11		R24	不得超差				
12		R10	不得超差				
13	孔	$\phi7^{+0.1}_{0}$	不得超差				
14		$2-M6\times8$	不得超差				
15		39 ± 0.1	不得超差				
16	其他	倒角	C1				
17		表面粗糙度	Ra3.2				
18		锐角倒钝	C0.2				

能量点4

内螺纹检测

内螺纹的检测主要包括螺距、中径的检测,测量工具可分别选用螺纹样板、螺纹塞规,螺纹样板的使用方法前文已经介绍,这里主要讲解螺纹塞规的使用方法。

(1)观察螺纹塞规的规格,选取公称直径、螺距、偏差代号与被测内螺纹相同的螺纹塞规。

(2)测量前先清理干净被测内螺纹和螺纹塞规表面的油污、杂质等。

(3)测量时将螺纹塞规通端(T)与被测螺纹对正,用大拇指与食指转动螺纹塞规或被测工件,使其在自由状态下旋转。如果可以在任意位置转动,且全部螺纹都可以通过,则通端检测合格。

（4）同样的方法,将螺纹塞规指端（Z）旋入被测螺纹且不超过 3 圈,则止端检测合格。旋进时不能用力拧,旋出时也不能用力拔,否则会造成螺纹塞规的损坏。

（5）使用完后,清理螺纹塞规表面附着的杂质,并将其放回量具盒内。

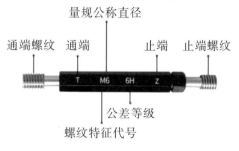

图 3.3.6 螺纹塞规

📑 思政小课堂

授人以鱼不如授人以渔

中国有句古话叫"授人以鱼不如授人以渔",说的是传授给人以知识,不如传授给人学习知识的方法。道理其实很简单,鱼是目的,捕鱼是手段,一条鱼能解一时之饥,却不能解长久之饥,如果想永远有鱼吃,那就要学会捕鱼的方法。在数控加工中,很多参数值可以通过查表的方式获得,因此掌握查表方法是从事数控加工不可或缺的能力。

废弃管理

📑 引导问题 15：**分析一下,废件质量为什么不合格?**

填写下面分析表。

表 3.3.12 废件分析表

序号	废件产生原因(why)	改进措施(how)	其他

能量点5

机攻螺纹质量异常分析。

表3.3.13　机攻螺纹质量分析表

问题	原因	改进措施
螺纹乱扣、断裂、撕破	1.底孔直径太小,丝锥攻不进,使孔口乱扣; 2.螺纹孔攻歪斜很多,而用丝锥强行"找正"仍找不过来; 3.低碳钢及塑性好的材料,攻螺纹时没用冷却润滑液; 4.丝锥切削部分磨钝。	1.认真检查底孔,选择合适的底孔钻头,将孔扩大再攻; 2.保持丝锥与底孔中心一致,偏斜太多不要强行攻丝; 3.应选用冷却润滑液; 4.将丝锥后角磨锋利。
螺纹孔偏斜	1.丝锥与工件端平面不垂直,螺纹乱扣、断裂、撕破; 2.机攻螺纹时丝锥与螺孔不同心。	1.起削时要使丝锥与工件端平面成垂直,要注意检查与校正; 2.攻螺纹前注意检查底孔。
螺纹高度不够	1.螺纹孔在攻丝之前需要铰孔,可能是程序中用的铰刀型号偏大、装错铰刀、铰刀上面有毛刺、铰孔时机床加工进给速度太慢。所以孔被加工之后尺寸的偏大,攻丝时丝牙就会偏浅; 2.丝锥用的时间比较长,丝锥由于长时间的摩擦丝锥上的丝牙就变浅,攻的丝牙就会很浅,不符合要求; 3.螺纹底孔直径计算或选择错误。	1.在铰孔之前,首先检查程序铰刀的型号是否符合加工要求;其次将铰刀用油石油一下;还要注意将机床的加工进给速度调的快些; 2.换新的丝锥; 3.正确计算与选择攻螺纹底孔直径与钻头直径。
滑牙	攻不通孔螺纹时,丝锥已到底仍继续扳转。	正确计算螺纹底孔深度。
螺纹中径大（齿形瘦）	机攻时,丝锥晃动,或切削刃磨得不对称。 1.攻螺纹切削速度过高; 2.丝锥与工件的螺纹底孔同轴度差; 3.刃磨丝锥中产生毛刺,丝锥切削锥长度过短。	调整刀具装夹或切削刃磨对称。 1.适当降低切削速度; 2.攻螺纹时校正丝锥与底孔,保证其同轴度符合要求; 3.清除刃磨丝锥产生的毛刺,并适当增加切削锥长度。
螺纹中径过小	1.丝锥的中径精度等级选择不当; 2.丝锥磨损。	1.择适宜精度等级的丝锥中径; 2.更换磨损的丝锥。

引导问题16：加工中产生的切屑、废件等废弃物怎么处理？

加工中产生的废弃物主要包括切屑、废件等,而废机油和更换切削液后的废液等都是在相应使用期限后才产生,因此不计入日常废弃物收集。请后勤员做好废物的收集,并做好表格记录工作。

表 3.3.14 废料收集记录卡

废料收集记录卡片					班级	组别	零件号	零件名称
序号	材质	类别	重量(kg)	存放位置	处理时间		收集人	备注
责任		签字		审核			审定	

成本核算

引导问题 17：生产镜架付出了多少成本？

本任务采用成本核算方法中的平行结转分步法，因此只计算本任务中产生的生产费用，期间费用不在此任务中计算。请本组核算员根据设备实际使用情况填写表 3.3.15。相关计算见附录中成本核算部分。

表 3.3.15 生产成本核算表

生产成本核算表					班级	组别	零件号	零件名称
制造费用	电费/折旧	使用设备/用品	功率	使用时长	电力价格		电费	折旧费
	劳保	用品	规格	单价	数量		费用	备注
	刀具损失	刀具名称	规格	单价	数量		费用	备注
		小计						

续表

生产成本核算表			班级	组别	零件号	零件名称

材料费用	材料名称	牌号	用量	单价	材料费用	
	小计					

人工费用	岗位名称	工时	时薪	人工费用	备注
	组长				
	编程员				
	操作员				
	检验员				
	核算员				
	后勤员				岗位数视情况
	小计				
总计					
责任		签字		审核	审定

加工复盘

引导问题 18：镜架的加工已经结束，补齐非本人岗位的内容，并以班组为单位回顾一下整个过程，本人或本人的班组有没有成长？

新学到的东西：_____

_____

_____

_____。

不足之处及原因：_____

_____

_____

_____。

经验总结：_____

_____

_____

落地转化：_____

考核评价

引导问题 19：**本任务即将结束,同学们觉得本人的工作表现怎么样?**

在表 3.3.16 中本人岗位对应的位置做评价。

表 3.3.16　自评表

自评表			班级	组别	姓名	零件号		零件名称			

结构	内容	具体指标	配分	等级及分值					工艺员	编程员	操作员	检验员	核算员	后勤员	后勤员
				A	B	C	D	E							
工作业绩 (50分)	完成 情况	职责完成度	15	15	12	9	7	4							
		临时任务完成度	15	15	12	9	7	4							
	工作 质效	积极主动	5	5	4	3	2	1							
		不拖拉	5	5	4	3	2	1							
		克难效果	5	5	4	3	2	1							
		信守承诺	5	5	4	3	2	1							
业务素质 (20分)	业务 水平	任务掌握度	5	5	4	3	2	1							
		知识掌握度	5	5	4	3	2	1							
		技能掌握度	5	5	4	3	2	1							
		善于钻研	5	5	4	3	2	1							
团队 (15分)	团队	积极合作	5	5	4	3	2	1							
		互帮互助	5	5	4	3	2	1							
		班组全局观	5	5	4	3	2	1							
敬业 (15分)	敬业	精益求精	5	5	4	3	2	1							
		勇担责任	5	5	4	3	2	1							
		出勤情况	5	5	4	3	2	1							
自评分数总得分															
考核等级:优(90~100)　良(80~90)　合格(70~80)　及格(60~70)　不及格(60以下)															

引导问题 20： 同学们觉得本人班组内各岗位人员工作表现怎么样？

在表 3.3.17 的组内互评表中对其他组员做个评价吧。

表 3.3.17 互评表

互评表					班级	组别	姓名		零件号		零件名称		
结构	内容	具体指标	配分	等级及分值					工艺员	编程员	操作员	检验员	核算员	后勤员	后勤员
				A	B	C	D	E							
工作业绩(50分)	完成情况	职责完成度	15	15	12	9	7	4							
		临时任务完成度	15	15	12	9	7	4							
	工作质效	积极主动	5	5	4	3	2	1							
		不拖拉	5	5	4	3	2	1							
		克难效果	5	5	4	3	2	1							
		信守承诺	5	5	4	3	2	1							
业务素质(20分)	业务水平	任务掌握度	5	5	4	3	2	1							
		知识掌握度	5	5	4	3	2	1							
		技能掌握度	5	5	4	3	2	1							
		善于钻研	5	5	4	3	2	1							
团队(15分)	团队	积极合作	5	5	4	3	2	1							
		互帮互助	5	5	4	3	2	1							
		班组全局观	5	5	4	3	2	1							
敬业(15分)	敬业	精益求精	5	5	4	3	2	1							
		勇担责任	5	5	4	3	2	1							
		出勤情况	5	5	4	3	2	1							
互评分数总得分															

考核等级：优(90~100)　良(80~90)　合格(70~80)　及格(60~70)　不及格(60以下)

引导问题 21： 在整个任务完成过程中，各生产组表现如何？

教师逐次点评各组，并请指导老师在表 3.3.18 中对你的班组进行评价吧。

表 3.3.18 教师评价表

教师评价表				班级	姓名	零件号	零件名称	
评价项目		评价要求	配分	评分标准				得分
任务环节表现	工艺制订	分析准确	3	不合理一处扣1分，漏一处扣2分，扣完为止				
		熟练查表	2	不熟练扣1分，不会无分				

教师评价表			班级	姓名	零件号	零件名称	
评价项目		评价要求	配分	评分标准			得分
任务环节表现	程序编制	编程规范	4	不规范一处扣1分,扣完为止			
		正确验证	4	验证错误或不合理且无改进,一处扣1分,扣完为止,无验证环节不得分			
	操作实施	操作规范	10	不规范一处扣1分,扣完为止			
		摆放整齐	3	摆放不整齐无分			
		加工无误	10	有一次事故无分			
		工件完整	3	有一处缺陷扣1分,扣完为止			
		安全着装	1	违反一处扣1分,扣完为止			
	质量检验	规范检测	4	不规范一处扣1分,扣完为止			
		质量合格	4	加工一次不合格扣2分,扣完为止			
	废料管理	正确分析	4	分析不正确一处扣1分,扣完为止			
		及时管理	3	放学即清,拖沓无分			
	成本核算	正确计算	3	概念不正确或计算错误无分			
		正确分析	2	成本分析不合理、不到位或错误无分			
	加工复盘	讨论热烈	2	不热烈无分			
		表述丰富	2	内容不足横线一半扣1分,不写无分			
		言之有物	2	内容不能落实,不具操作性无分			
	考核评价	自评认真	2	不认真无分			
		互评中立	2	不客观或有主观故意成分无分			
综合表现	团队协作	支持信任	5	有良性互动,一次加1分,加满为止			
		目标一致	5	多数组员一致加3分,全体一致满分			
	精神面貌	工作热情	5	一名组员热情加1分,加满为止			
		乐观精神	5	一名组员不畏难加2分,加满为止			
	沟通	交流顺畅	5	一名组员积极加1分,加满为止			
	批判	质疑发问	5	发问提建议,一次加1分,加满为止			
总评分			100	总得分			
	教师签字						

任务四　匣模制作

工作任务

表 3.4.1　任务卡

任务名称				实施场所			
班级				姓名			
组别				建议学时		16 学时	
知识目标	1.掌握工装夹模的设计方法。 2.掌握孔距的测量方法。						
技能目标	1.能够在教师引导下根据工件情况设计出符合要求的工装。 2.能够正确加工出合格的工装。 3.能够正确检测孔距尺寸。						
思政目标	废弃物的回收再利用——变废为宝						
教学重点	工件装夹						
教学难点	工装设计						
任务图							
任务准备	毛坯尺寸	100mm×50mm×20mm 的铝板					
	设备及附件	数控铣床、平口钳等					
	技术资料	编程手册、机械手册等					
	劳保用品	帆布手套、工作服、电工鞋等					
学习任务环节设置							
	环节 1	环节 2	环节 3	环节 4	环节 5	环节 6	环节 7	环节 8
	工艺制订	程序编制	操作实施	质量检验	废弃管理	成本核算	加工复盘	考核评价
环节责任							
时长记录							

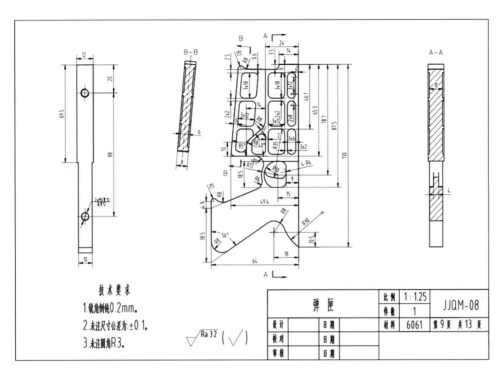

图 3.4.1　匣模块零件图

引导问题 1：读了零件图,你有没有发现错漏、模糊或读不明白的地方?
有的话请写下来。

_____。

引导问题 2：读了零件图,有没有发现某个或某些特征与其他零件相似? 有哪些可
以借鉴的地方?

_____

_____。

引导问题 3：识读零件图,并按下列要求分析,并填写到相应的横线上。

结构分析：_____

_____

_____

_____。

技术要求分析：_____

_____

_____

_____。

工艺措施：_____

_____

_____

_____ 。

📝 引导问题 4：**在进行零件分析的过程中，有没有发现在某些工序，工件无法正确装夹？**

如果有不易装夹的工序，且需要设计工装的话，在表格下方的横线上填写设计方案，并在下表中相应位置画出工装简图、正确标注。

_____

_____

_____ 。

小提示：工装的制作同样需要填写相应的表格，任务中表格不够可从教材后的附页中获取，另外，工装加工成本计入枪模成本。

表 3.4.2　工艺装备设计

工艺装备图	班级		材料		校对	
	比例		设计		审核	

能量点 1

夹具

夹具：使工件相对于机床和刀具占有正确位置且位置不变的一种装夹工件的装置。夹具具备的作用如下：

（1）保证加工精度。用夹具装夹工件，能准确将工件与刀具、机床之间的相对位置关系确定，不受工人技术水平影响，能够保证加工精度。

（2）提高生产效率。使用夹具无须找正就能将工件快速地找正和夹紧，可以大大减少辅助时间，提高生产效率。

（3）减轻劳动强度。机床夹具采用机械、气动、液动夹紧装置，可以减轻工人的劳动强度。

（4）扩大机床的工艺范围。利用夹具能扩大机床的加工范围，例如，在车床或钻床上安装镗模夹具后可以代替镗床镗孔，使车床、钻床具有镗床的功能，实现一机多能。

(5)降低对工人技术水平的要求。对于复杂的零件加工,如缺少夹具则需要更为复杂的加工工艺,对人员素质要求高,增加企业用人成本。

夹具设计过程中首先要确定定位和夹紧方案,然后根据确定的夹具类型,参照已有夹具设计经验确定装夹方案。

1.定位

1)目的

使工件在机床或夹具中占有正确的位置。

2)六点定位原理

工件在空间具有六个自由度,即沿 X、Y、Z 三个直角坐标方向的移动自由度,和绕三个坐标轴的转动自由度 U、V、W。

要完全确定工件的位置就必须消除这六个自由度。

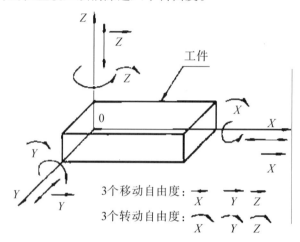

图 3.4.2   六个自由度

3)4 种定位状态

完全定位:完全限制工件的 6 个自由度。

不完全定位:没有完全限制工件的 6 个自由度。

过定位:有重复限制的自由度。

欠定位:应该限制的自由度没有被限制的定位。

欠定位无法满足加工要求,所以是不允许的。过定位有可能引起元件无法安装或者变形,是需要尽量避免的。在不影响加工精度的情况下,不完全定位时是允许的。例如,车床加工中多数情况下用三爪卡盘装夹,沿元件轴线的移动和转动自由度是没有限制的。但是同一元件,如果需要在铣床上打高精度的径向孔,则沿轴线的转动自由度就需要被限制。

2.夹紧

工件在夹具中定位后,将其压紧、夹牢,使工件在加工过程中,始终保持定位时所取得的正确加工位置。

定位与夹紧的区别:定位的作用是确定工件在夹具中处于一个正确的加工位置,而夹紧的作用是保证工件在加工过程中始终保持由定位确定的正确加工位置。

3. 铣床夹具种类

1）通用夹具

通用夹具是指已经标准化的可加工一定范围内不同工件的夹具。此类夹具定位精度和生产率不高,难以生产加工工艺复杂的零件。例如,铣床用的平口钳及分度头等。

图 3.4.3　平口钳

2）铣床专用夹具

专用夹具是针对某一工件的某一工序专门设计制造的夹具。专用夹具适用于产量较大、产品相对稳定且通用夹具无法满足装夹要求的情况下使用。

3）组合夹具

组合夹具是用一套预先制造好的标准元件、部件,专门为某一工件的某一工序组装的夹具。组合夹具是模块化的夹具,用完后可拆解用作其他工件的组合夹具,可减少专用夹具的使用。结构灵活多变,设计和组装周期短,能够重复利用,适于在多品种单件小批生产或新产品试制等场合应用,经济性较好。

4. 常见专用夹具

这里主要介绍直线进给式铣床常用专用夹具供参考,夹具可以是多种类的,不限于本文介绍的几种。这类夹具安装在铣床工作台上,加工中工作台是按直线进给方式运动的。常见的数控铣床用平口钳装夹铣削都属于这一类夹具。

对于回转体铣削可以利用 V 型块装夹,如图 3.4.4 所示。

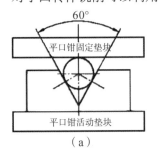
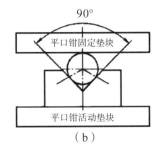
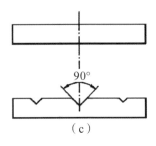

（a）　　　　　　　　　（b）　　　　　　　　　（c）

图 3.4.4　V 型块装夹

对于需要限制 X、Y 方向的自由的装夹,可以采用压板夹具进行装夹。

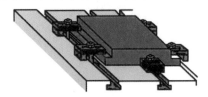

图 3.4.5　压板装夹

对于需要限制旋转自由的工件,可以利用平面或者孔内插销进行限制。

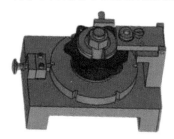

图 3.4.6 面孔定位

对于类似"弹匣"的异形工件,难以找到两个平行平面进行装夹,在设计夹具时则需要将异形面补齐变为平面装夹。图 3.4.7 中的红色部分为工装。

图 3.4.7 异形工装

引导问题 5:为了保证弹匣加工质量,可以采用下列哪种装夹方案?

班组讨论,并从附页中选择贴图,并撕下贴到本题目对应选项下方的虚线框中。

引导问题 6:在调焦钮的加工过程中,需要用到刀具有哪些? 这些刀具的规格又是什么样的?

班组讨论。在图 3.4.8 中所选择的刀具下方括号内打钩,并填表 3.4.3。

表中应填写的刀具包括并不仅限于图 3.4.8 中的刀具。

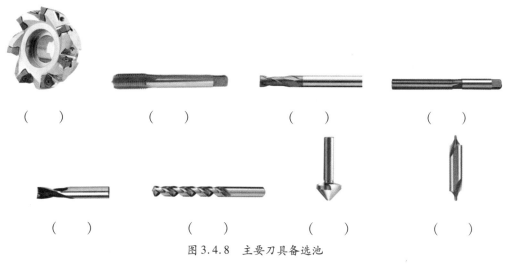

( )　　　( )　　　( )　　　( )

( )　　　( )　　　( )　　　( )

图 3.4.8 主要刀具备选池

表 3.4.3　刀具卡

刀具卡				班级	组别	零件号	零件名称
序号	刀具号	刀具名称	数量	加工表面	刀尖半径(mm)		刀具规格(mm)
1							
2							
3							
4							
5							
6							
责任		签字		审核		审定	

引导问题 7：需要按照什么样的工艺顺序来加工调焦钮？应该拟定一个什么样的工艺路线？

完成下面的题目。

加工顺序,指在零件的生产过程中对各工序的顺序安排,又称工艺路线。工序是工艺路线的组成部分,通常包括切削工序、热处理工序和辅助工序。鉴于实训室的条件,可以只考虑切削工序和辅助工序。根据零件图和加工要求,勾选加工顺序安排的原则(可多选)：

□ 先主后次原则　　　□ 基面先行原则　　　□ 先面后孔原则

□ 先粗后精原则　　　□ 先内后外原则　　　□ 工序集中原则

□ 刚性破坏小原则

拟定工艺路线：_____

_____。

还有没有更好的工艺路线？ 也写下来：_____

_____(没有可不填)

引导问题 8：前面做了这么多的分析,内容比较分散,不利于批量生产加工过程的流程化、标准化,怎么才能避免这个问题呢？

填了表 3.4.4,同学们就明白了。

引导问题 9：每道工序里都做些什么？

请根据表 3.4.4 中划分的工序,在表 3.4.5 中填写工步内容和与之对应的参数值。

表3.4.4 机械加工工艺过程卡

机械加工工艺过程卡片

	班级	组别	零件号	零件名称

总工艺路线

材料及材料消耗定额

名称	牌号	规格	单件定额	零件净重	毛坯种类	每个毛坯可制零件数

序号	工序内容	设备		工装				辅料	工时		优化工时		备注
		名称	型号	夹具	刀具	量具	辅具		单件工时	准备结束时间	单件工时	准备结束时间	

编制		审核		审定		共 页 第 页

表3.4.5 机械加工工序卡

机械加工工序卡片		班级	组别	零件号	零件名称		工序号	工序名
					设备名称			
					设备型号			
					夹具名称			
					工序工时	准终		
						单件		
工步号	工步内容	工艺装备	主轴转速	进给量	背吃刀量	工步工时		优化工时	
						机动	辅助	机动	辅助
责任	签字	审核		审定		共 页		第 页	

程序编制

引导问题 10：**我们编制程序的时候,是手动编程还是自动编程呢?**

工艺制订完成后,需要依据工艺编制程序。我们会发现在某些工序中零件特征或工艺等较复杂,建议自动编程,否则可以手动编程。具体使用哪种编程方法由编程岗自主确定。自动编程,则填写表 3.4.6。

表 3.4.6　程序编制记录卡

程序编制记录卡片			班级	组别	零件号	零件名称
序号	工序内容	编制方式(手/自)	完成情况	程序名	优化一	优化二	程序存放位置
责任		签字					

手动编程部分,可以把程序单写在表 3.4.7 中。

表 3.4.7　手工编程程序单

手工编程程序单			班级	组别	零件名称
行号	程序内容	备注	行号	程序内容	备注

手工编程程序单			班级	组别	零件名称
行号	程序内容	备注	行号	程序内容	备注

引导问题 11:程序编制完成后,就可以直接导入机床进行加工吗?

程序编制过程中可能会出现一些错误,因此自动编程需要程序仿真,手动编程需要程序校验来验证程序的正确性和合理性。如果有不正确或不合理的,记录到表 3.4.8 中。

表 3.4.8　程序验证改进表

序号	需要改动的内容	改进措施
1		
2		
3		
4		

操作实施

引导问题 12:该做的前期工作已经做完,下面要进行机床操作,这是本课程的首次机床操作环节,最需要注意什么?(单选)

□ 对刀 □ 安全 □ 素养 □ 态度

操作前需要做以下工作：

（1）检查着装：安全帽,电工鞋,工作帽（女生）,目镜,手套等。

（2）复习操作规范：烂熟于心。

（3）检查设备：设备的安全装置功能正常;熟悉急停按钮位置。

（4）检查医疗应急用品：碘附、创可贴、棉签、纱布、医用胶布等。

（5）现场环境的清理。

（6）诵号：技能诚可贵,安全价更高。

引导问题 13：**在加工孔的时候,为了保证孔距,有哪些需要注意的地方？**

_____

_____

_____

_____

_____ 。

注意事项：

（1）在加工时要一个方向加工后,空刀返回,再一方向加工,避免反向间隙造成的误差。即第一排孔从左向右加工,然后空走刀到下一排孔的最左边,再从左向右加工。

（2）为保证孔间距精度,先用中心钻点孔。

（3）工件装夹要牢固。

引导问题 14：**在加工弹匣时,有没发生意料外的问题？ 你又是如何解决的？**

_____

_____

_____ 。

质量检验

引导问题 15：**加工生产出的零件是不是可以直接作为合格件入库？**

零件加工完成后,需要质检员对零件质量进行检测,且检测合格后方可入库,同时质检员需填写检验卡片。如果检验不合格,需重做,并重新填写相应工艺表格,空白表格可从附录中获取。

表 3.4.9　质量检验卡

检验卡片				班级	组别	零件号	零件名
责任		签字				JJQM - 01	调焦钮
序号	检验项目	检验内容	技术要求	自测	检测	改进措施	改进成效
1	轮廓尺寸	12 ± 0.1	不得超差				
2		10 ± 0.1	不得超差				
3		69.5 ± 0.1	不得超差				
4		8 ± 0.1	不得超差				
5		4 ± 0.1	不得超差				
6		130 ± 0.1	不得超差				
7		64 ± 0.1	不得超差				
8		14 ± 0.1	不得超差				
9		24 ± 0.1	不得超差				
10		14 ± 0.1	不得超差				
11		65.3 ± 0.1	不得超差				
12		3.5 ± 0.1	不得超差				
13		87.5 ± 0.1	不得超差				
14		18.5 ± 0.1	不得超差				
15		9 ± 0.1	不得超差				
16		R6	不得超差				
17		R12	不得超差				
18		R8	不得超差				
19		R2	不得超差				
20		R30	不得超差				
21		角度	85°				
22		角度	40°				
23		角度	56°				
24	槽	6 ± 0.1	不得超差				
25		6 - 18 ± 0.1	不得超差				
26		6 - 12 ± 0.1	不得超差				
27		4 - 2 ± 0.1	不得超差				
28		3 - 6 ± 0.1	不得超差				

续表

检验卡片				班级	组别	零件号	零件名
责任		签字				JJQM-01	调焦钮
序号	检验项目	检验内容	技术要求	自测	检测	改进措施	改进成效
29	槽	3-12±0.1	不得超差				
30		2-8±0.1	不得超差				
31		2±0.1	不得超差				
32		2.5±0.1	不得超差				
33		3±0.1	不得超差				
34	孔	2-M6×10	不得超差				
35		88±0.1	不得超差				
36		20±0.1	不得超差				
37	其他	圆角	R3				
38		表面粗糙度	Ra3.2				
39		锐角倒钝	C0.2				

能量点2

孔距检测

两孔之间中心距的测量可采用游标卡尺求平均值的方式,对于精度要求较高的孔距的测量则需要采用孔距卡尺进行测量。具体步骤如下:

1.游标卡尺法

(1)清理待测量孔和游标卡尺上的油污、杂质。

(2)将游标卡尺的外测量爪伸入两待测量孔内,移动游标使量爪卡紧两待测量孔距离较近的孔壁,保持尺身垂直于两孔轴线,带紧紧固螺钉,取下游标卡尺取数 $L1$。

(3)将游标卡尺的内测量爪伸入两待测量孔内,移动游标使量爪卡紧两待测量孔距离较远的孔壁,保持尺身垂直于两孔轴线,带紧紧固螺钉,取下游标卡尺取数 $L2$。

(4)算出 $L1$ 与 $L2$ 的平均值 L。

(5)同样的方法继续测量两次,将3次的结果取平均值,即为最终测量结果。

(6)清理游标卡尺上的油污、杂质,将游标卡尺放回尺盒。

2.孔距卡尺法

(1)清理待测量孔和卡尺上的油污、杂质。

(2)将孔距卡尺的两圆锥测量爪伸入两待测量孔内,并将圆锥面紧压在孔口上,保持尺身垂直于两孔轴线,带紧紧固螺钉,取下游标卡尺取数 L。

(3)同样的方法继续测量两次,将3次的结果取平均值,即为最终测量结果。

（4）清理游标卡尺上的油污、杂质，将游标卡尺放回尺盒。

废弃管理

引导问题 16：**分析一下，废件质量为什么不合格？**

填写下面分析表。

表 3.4.10　废件分析表

序号	废件产生原因（why）	改进措施（how）	其他

引导问题 17：**加工中产生的切屑、废件等废弃物怎么处理？**

加工中产生的废弃物主要包括切屑、废件等，而废机油和更换切削液后的废液等都是在相应使用期限后才产生，因此不计入日常废弃物收集。请后勤员做好废物的收集，并做好表格记录工作。

表 3.4.11　废料收集记录卡

废料收集记录卡片					班级	组别	零件号	零件名称
序号	材质	类别	重量（kg）	存放位置	处理时间		收集人	备注
责任		签字			审核		审定	

📋 变废为宝

变废为宝

废水净化后可以去灌溉。烟灰、草木灰可以除垢。蚊香灰内含有钾的成分,可以做盆花肥料;蚊香灰灰粒很细,可以磨刀或其他金属用具。废铁回收后可以重新去利用,去铸铁。废电池可以去提炼里面的重金属。烧过的煤可以提炼很多元素,也可以去填路。沥青就是石油提炼后的残渣,可以铺路。甘蔗的残渣是很好的生成纸的原料。瓜皮果壳可以倒在果树的下面做肥料。大小便收集在一起可以生成沼气。通过将废塑料还原炼汽油、柴油的技术,能从1吨废塑料中生产出700多升无铅汽油和柴油。废罐溶解后可无数次循环再造成新罐,还可制成汽车、飞机零件或者家具。

成本核算

📋 引导问题 18:生产弹匣付出了多少成本?

本任务采用成本核算方法中的平行结转分步法,因此只计算本任务中产生的生产费用,期间费用不在此任务中计算。请本组核算员根据设备实际使用情况填写表3.4.12。相关计算见附录中成本核算部分。

表 3.4.12　生产成本核算表

生产成本核算表			班级	组别	零件号	零件名称
制造费用	电费/折旧	使用设备/用品	功率	使用时长	电力价格	电费	折旧费
	劳保	用品	规格	单价	数量	费用	备注
	刀具损失	刀具名称	规格	单价	数量	费用	备注
		小计					

	材料名称	牌号	用量	单价	材料费用	
材料费用						
	小计					
	岗位名称	工时	时薪	人工费用	备注	
人工费用	组长					
	编程员					
	操作员					
	检验员					
	核算员					
	后勤员				岗位数视情况	
	小计					
总计						
责任		签字		审核		审定

加工复盘

引导问题 19：弹匣的加工已经结束,补齐非本人岗位的内容,并以班组为单位回顾下整个过程,本人或本人的班组有没有成长?

新学到的东西:＿＿＿＿＿＿＿＿＿＿＿＿＿＿＿＿＿＿＿＿＿＿＿

＿＿＿＿＿＿＿＿＿＿＿＿＿＿＿＿＿＿＿＿＿＿＿＿＿＿＿＿＿＿＿

＿＿＿＿＿＿＿＿＿＿＿＿＿＿＿＿＿＿＿＿＿＿＿＿＿＿＿＿＿＿＿

＿＿＿＿＿＿＿＿＿＿＿＿＿＿＿＿＿＿＿＿＿＿＿＿＿＿＿＿＿＿＿

＿＿＿＿＿＿＿＿＿＿＿＿＿＿＿＿＿＿＿＿＿＿＿＿＿＿＿＿＿＿。

不足之处及原因:＿＿＿＿＿＿＿＿＿＿＿＿＿＿＿＿＿＿＿＿＿＿

＿＿＿＿＿＿＿＿＿＿＿＿＿＿＿＿＿＿＿＿＿＿＿＿＿＿＿＿＿＿＿

＿＿＿＿＿＿＿＿＿＿＿＿＿＿＿＿＿＿＿＿＿＿＿＿＿＿＿＿＿＿＿

＿＿＿＿＿＿＿＿＿＿＿＿＿＿＿＿＿＿＿＿＿＿＿＿＿＿＿＿＿＿＿

＿＿＿＿＿＿＿＿＿＿＿＿＿＿＿＿＿＿＿＿＿＿＿＿＿＿＿＿＿＿。

经验总结:＿＿＿＿＿＿＿＿＿＿＿＿＿＿＿＿＿＿＿＿＿＿＿＿＿

＿＿＿＿＿＿＿＿＿＿＿＿＿＿＿＿＿＿＿＿＿＿＿＿＿＿＿＿＿＿＿

＿＿＿＿＿＿＿＿＿＿＿＿＿＿＿＿＿＿＿＿＿＿＿＿＿＿＿＿＿＿＿

＿＿＿＿＿＿＿＿＿＿＿＿＿＿＿＿＿＿＿＿＿＿＿＿＿＿＿＿＿＿＿

＿＿＿＿＿＿＿＿＿＿＿＿＿＿＿＿＿＿＿＿＿＿＿＿＿＿＿＿＿＿。

落地转化：＿＿＿＿＿＿＿＿＿＿＿＿＿＿＿＿＿＿＿＿＿＿＿＿＿＿＿＿＿

＿＿＿＿＿＿＿＿＿＿＿＿＿＿＿＿＿＿＿＿＿＿＿＿＿＿＿＿＿＿＿＿＿＿

＿＿＿＿＿＿＿＿＿＿＿＿＿＿＿＿＿＿＿＿＿＿＿＿＿＿＿＿＿＿＿＿＿＿

＿＿＿＿＿＿＿＿＿＿＿＿＿＿＿＿＿＿＿＿＿＿＿＿＿＿＿＿＿＿＿＿。

考核评价

引导问题 20：**本任务即将结束，同学们觉得本人的工作表现怎么样？**

在表 3.4.13 中本人岗位对应的位置做评价。

表 3.4.13 自评表

自评表				班级	组别		姓名		零件号		零件名称	
结构	内容	具体指标	配分	等级及分值					工艺员	编程员	操作员	检验员	核算员	后勤员	后勤员
				A	B	C	D	E							
工作业绩(50分)	完成情况	职责完成度	15	15	12	9	7	4							
		临时任务完成度	15	15	12	9	7	4							
	工作质效	积极主动	5	5	4	3	2	1							
		不拖拉	5	5	4	3	2	1							
		克难效果	5	5	4	3	2	1							
		信守承诺	5	5	4	3	2	1							
业务素质(20分)	业务水平	任务掌握度	5	5	4	3	2	1							
		知识掌握度	5	5	4	3	2	1							
		技能掌握度	5	5	4	3	2	1							
		善于钻研	5	5	4	3	2	1							
团队(15分)	团队	积极合作	5	5	4	3	2	1							
		互帮互助	5	5	4	3	2	1							
		班组全局观	5	5	4	3	2	1							
敬业(15分)	敬业	精益求精	5	5	4	3	2	1							
		勇担责任	5	5	4	3	2	1							
		出勤情况	5	5	4	3	2	1							
自评分数总得分															

考核等级：优(90~100) 良(80~90) 合格(70~80) 及格(60~70) 不及格(60以下)

引导问题 21：**同学们觉得本人班组内各岗位人员工作表现怎么样？**

在表 3.4.14 的组内互评表中对其他组员做个评价吧。

表 3.4.14 互评表

互评表				班级		组别		姓名		零件号		零件名称						
结构	内容	具体指标	配分	等级及分值					工艺员	编程员	操作员	检验员	核算员	后勤员	后勤员
				A	B	C	D	E							
工作业绩 (50分)	完成情况	职责完成度	15	15	12	9	7	4							
		临时任务完成度	15	15	12	9	7	4							
	工作质效	积极主动	5	5	4	3	2	1							
		不拖拉	5	5	4	3	2	1							
		克难效果	5	5	4	3	2	1							
		信守承诺	5	5	4	3	2	1							
业务素质 (20分)	业务水平	任务掌握度	5	5	4	3	2	1							
		知识掌握度	5	5	4	3	2	1							
		技能掌握度	5	5	4	3	2	1							
		善于钻研	5	5	4	3	2	1							
团队 (15分)	团队	积极合作	5	5	4	3	2	1							
		互帮互助	5	5	4	3	2	1							
		班组全局观	5	5	4	3	2	1							
敬业 (15分)	敬业	精益求精	5	5	4	3	2	1							
		勇担责任	5	5	4	3	2	1							
		出勤情况	5	5	4	3	2	1							
互评分数总得分															
考核等级:优(90~100) 良(80~90) 合格(70~80) 及格(60~70) 不及格(60以下)															

引导问题 22:在整个任务完成过程中,各生产组表现如何?

教师逐次点评各组,并请指导老师在表 3.4.15 中对你的班组进行评价吧。

表 3.4.15 教师评价表

教师评价表			班级	姓名	零件号	零件名称	
评价项目	评价要求	配分	评分标准				得分
任务环节表现	工艺制订	分析准确	3	不合理一处扣1分,漏一处扣2分,扣完为止			
		熟练查表	2	不熟练扣1分,不会无分			
	程序编制	编程规范	4	不规范一处扣1分,扣完为止			
		正确验证	4	验证错误或不合理且无改进,一处扣1分, 扣完为止,无验证环节不得分			

教师评价表			班级	姓名	零件号	零件名称

评价项目		评价要求	配分	评分标准	得分
任务环节表现	操作实施	操作规范	10	不规范一处扣 1 分,扣完为止	
		摆放整齐	3	摆放不整齐无分	
		加工无误	10	有一次事故无分	
		工件完整	3	有一处缺陷扣 1 分,扣完为止	
		安全着装	1	违反一处扣 1 分,扣完为止	
	质量检验	规范检测	4	不规范一处扣 1 分,扣完为止	
		质量合格	4	加工一次不合格扣 2 分,扣完为止	
	废料管理	正确分析	4	分析不正确一处扣 1 分,扣完为止	
		及时管理	3	放学即清,拖沓无分	
	成本核算	正确计算	3	概念不正确或计算错误无分	
		正确分析	2	成本分析不合理、不到位或错误无分	
	加工复盘	讨论热烈	2	不热烈无分	
		表述丰富	2	内容不足横线一半扣 1 分,不写无分	
		言之有物	2	内容不能落实,不具操作性无分	
	考核评价	自评认真	2	不认真无分	
		互评中立	2	不客观或有主观故意成分无分	
综合表现	团队协作	支持信任	5	有良性互动,一次加 1 分,加满为止	
		目标一致	5	多数组员一致加 3 分,全体一致满分	
	精神面貌	工作热情	5	一名组员热情加 1 分,加满为止	
		乐观精神	5	一名组员不畏难加 2 分,加满为止	
	沟通	交流顺畅	5	一名组员积极加 1 分,加满为止	
	批判	质疑发问	5	发问提建议,一次加 1 分,加满为止	
总评分			100	总得分	
		教师签字			

任务五 联接块制作

工作任务

表3.5.1 任务卡

任务名称			实施场所	
班级			姓名	
组别			建议学时	8学时
知识目标	复习巩固工装夹模的设计方法。			
技能目标	1.能够根据工件情况自行设计出符合加工要求的工装； 2.能够加工出合格的工艺装备。			
思政目标	沟通即为人与人的连接			
教学重点	斜面上钻垂直孔			
教学难点	斜面上钻垂直孔			
任务图				
任务准备	毛坯尺寸	30mm×10mm×15mm的铝块		
	设备及附件	数控铣床、平口钳等		
	技术资料	编程手册、机械手册等		
	劳保用品	帆布手套、工作服、电工鞋等		

学习任务环节设置

	环节1	环节2	环节3	环节4	环节5	环节6	环节7	环节8
	工艺制订	程序编制	操作实施	质量检验	废弃管理	成本核算	加工复盘	考核评价
环节责任								
时长记录								

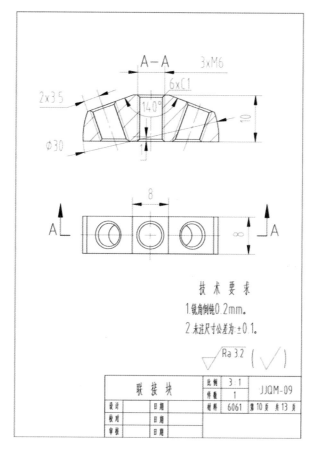

图 3.5.1　联接块零件图

工艺制订

引导问题 1：读了零件图，你有没有发现错漏、模糊或读不明白的地方？
有的话请写下来。

_____。

引导问题 2：读了零件图，有没有发现某个或某些特征与其他零件相似？有哪些可以借鉴的地方？

_____

_____。

引导问题 3：识读零件图，并按下列要求分析，并填写到相应的横线上。

结构分析：_____

_____

_____

_____

技术要求分析：_____

_____

_____

_____。

工艺措施：_____

_____

_____

_____。

引导问题4：**在进行零件分析的过程中，有没有发现在某些工序，工件无法正确装夹？**

如果有不易装夹的工序，且需要设计工装的话，在表格下方的横线上填写设计方案，并在下表中相应位置画出工装简图、正确标注。

_____

_____

_____

_____

_____。

小提示：工装的制作同样需要填写相应的表格，任务中表格不够可从教材后的附页中获取，另外，工装加工成本计入枪模成本。

表3.5.2　工艺装备设计

工艺装备图	班级		材料		校对	
	比例		设计		审核	

引导问题5：**为了保证联接块加工质量，可以采用下列哪种装夹方案？**

班组讨论，并从附页中选择贴图，并撕下贴到本题目对应选项下方的虚线框中。

引导问题6：**在联接块的加工过程中，需要用到刀具有哪些？这些刀具的规格又是什么样的？**

班组讨论。在图 3.5.2 中所选择的刀具下方括号内打钩,并填表 3.5.3。

表中应填写的刀具包括并不仅限于图 3.5.2 中的刀具。

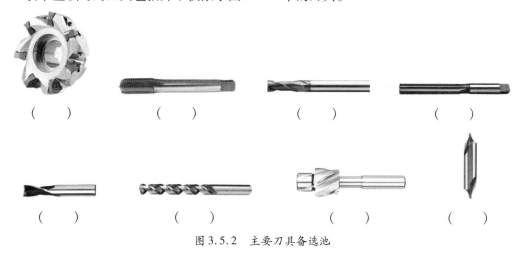

（　　　）　　　　　（　　　）　　　　　（　　　）　　　　　（　　　）

（　　　）　　　　　（　　　）　　　　　（　　　）　　　　　（　　　）

图 3.5.2　主要刀具备选池

表 3.5.3　刀具卡

刀具卡				班级	组别	零件号	零件名称
序号	刀具号	刀具名称	数量	加工表面	刀尖半径（mm）		刀具规格（mm）
1							
2							
3							
4							
5							
6							
7							
8							
责任		签字		审核		审定	

引导问题 7：**需要按照什么样的工艺顺序来加工联接块？应该拟定一个什么样的工艺路线？**

完成下面的题目。

加工顺序,指在零件的生产过程中对各工序的顺序安排,又称工艺路线。工序是工艺路线的组成部分,通常包括切削工序、热处理工序和辅助工序。鉴于实训室的条件,可以只考虑切削工序和辅助工序。根据零件图和加工要求,勾选加工顺序安排的原则(可多选):

□ 先主后次原则　　　　□ 基面先行原则　　　　□ 先面后孔原则

□ 先粗后精原则　　　　□ 先内后外原则　　　　□ 工序集中原则

□ 刚性破坏小原则

拟定工艺路线：_____

_____

_____

_____

_____。

还有没有更好的工艺路线？也写下来：_____

_____

_____

_____（没有可不填）

引导问题 8：**前面做了这么多的分析，内容比较分散，不利于批量生产加工过程的流程化、标准化，怎么才能避免这个问题呢？**

填了表3.5.4，同学们就明白了。

引导问题 9：**每道工序里都做些什么？**

请根据表3.5.4 中划分的工序，在表3.5.5 中填写工步内容和与之对应的参数值。

表3.5.4 机械加工工艺过程卡片

机械加工工艺过程卡

名称			材料及材料消耗定额			总工艺路线	班级	组别	零件号	零件名称
	牌号	规格	单件定额	零件净重	毛坯种类	每个毛坯可制零件数				

序号	工序内容	设备		工装				工时		优化工时		备注
		名称	型号	夹具	刀具	量具	辅具	单件工时	准备结束时间	单件工时	准备结束时间	

编制		审核		审定		共 页	第 页

表 3.5.5 机械加工工序卡

机械加工工序卡片

	班级	组别	零件号	零件名称	工序号	工序名
				设备名称		
				设备型号		
				夹具名称		
				工序工时	准终	
					单件	

工步号	工步内容	工艺装备	主轴转速	进给量	背吃刀量	工步工时 机动	工步工时 辅助	优化工时 机动	优化工时 辅助

责任	签字	审核	审定	共 页	第 页

程序编制

📑 引导问题 10：**我们编制程序的时候，是手动编程还是自动编程呢?**

工艺制订完成后，需要依据工艺编制程序。我们会发现在某些工序中零件特征或工艺等较复杂，建议自动编程，否则可以手动编程。具体使用哪种编程方法由编程岗自主确定。自动编程，则填写表 3.5.6。

表 3.5.6　程序编制记录卡

程序编制记录卡片			班级	组别	零件号	零件名称
序号	工序内容	编制方式（手/自）	完成情况	程序名	优化一	优化二	程序存放位置
责任		签字					

手动编程部分，可以把程序单写在表 3.5.7 中。

表 3.5.7　手工编程程序单

手工编程程序单			班级	组别	零件名称
行号	程序内容	备注	行号	程序内容	备注

续表

手工编程程序单			班级	组别	零件名称
行号	程序内容	备注	行号	程序内容	备注

引导问题 11：程序编制完成后，就可以直接导入机床进行加工吗？

程序编制过程中可能会出现一些错误，因此自动编程需要程序仿真，手动编程需要程序校验来验证程序的正确性和合理性。如果有不正确或不合理的，记录到表 3.5.8 中。

表 3.5.8　程序验证改进表

序号	需要改动的内容	改进措施
1		
2		
3		
4		

操作实施

引导问题 12：该做的前期工作已经做完，下面要进行机床操作，这是本课程的首次机床操作环节，最需要注意什么？（单选）

□ 对刀　　　□ 安全　　　□ 素养　　　□ 态度

操作前需要做以下工作：

（1）检查着装：安全帽,电工鞋,工作帽（女生）,目镜,手套等。

（2）复习操作规范：烂熟于心。

（3）检查设备：设备的安全装置功能正常；熟悉急停按钮位置。

（4）检查医疗应急用品：碘附、创可贴、棉签、纱布、医用胶布等。

（5）现场环境的清理。

（6）诵号：技能诚可贵,安全价更高。

引导问题13：在加工联接块时,有没发生意料外的问题？ 你又是如何解决的？

_____

_____

_____

_____

_____ 。

引导问题14：生产结束后,要做的机床保养有哪些？

_____

_____

_____

_____ 。

质量检验

引导问题15：加工生产出的零件是不是可以直接作为合格件入库？

零件加工完成后,需要质检员对零件质量进行检测,且检测合格后方可入库,同时质检员需填写检验卡片。如果检验不合格,需重做,并重新填写相应工艺表格,空白表格可从附录中获取。

表 3.5.9　质量检验卡

检验卡片			班级	组别	零件号	零件名
责任		签字			JJQM－01	调焦钮
序号	检验项目	检验内容	技术要求	自测	检测	改进措施	改进成效
1	轮廓尺寸	$\phi 30 \pm 0.1$	不得超差				
2		10 ± 0.1	不得超差				
3		8 ± 0.1	不得超差				
4		角度	$140°$				

检验卡片				班级	组别	零件号	零件名
责任		签字				JJQM – 01	调焦钮
序号	检验项目	检验内容	技术要求	自测	检测	改进措施	改进成效
5	孔	3 – M6	不得超差				
6		倒角	C1				
7	其他	表面粗糙度	Ra3.2				
8		锐角倒钝	C0.2				

废弃管理

引导问题 16：分析一下，废件质量为什么不合格？

填写下面分析表。

表 3.5.10　废件分析表

序号	废件产生原因（why）	改进措施（how）	其他

引导问题 17：加工中产生的切屑、废件等废弃物怎么处理？

加工中产生的废弃物主要包括切屑、废件等，而废机油和更换切削液后的废液等都是在相应使用期限后才产生，因此不计入日常废弃物收集。请后勤员做好废物的收集，并做好表格记录工作。

表 3.5.11　废料收集记录卡

废料收集记录卡片					班级	组别	零件号	零件名称
序号	材质	类别	重量(kg)	存放位置	处理时间		收集人	备注
责任		签字		审核			审定	

成本核算

引导问题 18：**生产联接块付出了多少成本？**

本任务采用成本核算方法中的平行结转分步法，因此只计算本任务中产生的生产费用，期间费用不在此任务中计算。请本组核算员根据设备实际使用情况填写表 3.5.12。相关计算见附录中成本核算部分。

表 3.5.12　生产成本核算表

生产成本核算表					班级	组别	零件号	零件名称
制造费用	电费/折旧	使用设备/用品	功率	使用时长	电力价格	电费		折旧费
	劳保	用品	规格	单价	数量	费用		备注
	刀具损失	刀具名称	规格	单价	数量	费用		备注
		小计						

材料费用	材料名称	牌号	用量	单价	材料费用	
	小计					
人工费用	岗位名称	工时	时薪	人工费用	备注	
	组长					
	编程员					
	操作员					
	检验员					
	核算员					
	后勤员				岗位数视情况	
	小计					
总计						
责任		签字		审核		审定

加工复盘

引导问题 19:**联接块的加工已经结束,补齐非本人岗位的内容,并以班组为单位回顾下整个过程,本人或本人的班组有没有成长?**

新学到的东西:＿＿＿＿＿＿＿＿＿＿＿＿＿＿＿＿＿＿＿＿＿＿＿＿＿＿＿＿＿＿＿＿＿＿

＿＿

＿＿。

不足之处及原因:＿＿＿＿＿＿＿＿＿＿＿＿＿＿＿＿＿＿＿＿＿＿＿＿＿＿＿＿＿＿＿＿

＿＿

＿＿。

经验总结:＿＿＿＿＿＿＿＿＿＿＿＿＿＿＿＿＿＿＿＿＿＿＿＿＿＿＿＿＿＿＿＿＿＿＿＿

＿＿

＿＿。

落地转化:＿＿＿＿＿＿＿＿＿＿＿＿＿＿＿＿＿＿＿＿＿＿＿＿＿＿＿＿＿＿＿＿＿＿＿＿

＿＿

＿＿。

考核评价

引导问题 20：本任务即将结束，同学们觉得本人的工作表现怎么样？

在表 3.5.13 中本人岗位对应的位置做评价。

表 3.5.13　自评表

自评表			班级	组别	姓名		零件号		零件名称	

结构	内容	具体指标	配分	等级及分值					工艺员	编程员	操作员	检验员	核算员	后勤员	后勤员
				A	B	C	D	E							
工作业绩（50分）	完成情况	职责完成度	15	15	12	9	7	4							
		临时任务完成度	15	15	12	9	7	4							
	工作质效	积极主动	5	5	4	3	2	1							
		不拖拉	5	5	4	3	2	1							
		克难效果	5	5	4	3	2	1							
		信守承诺	5	5	4	3	2	1							
业务素质（20分）	业务水平	任务掌握度	5	5	4	3	2	1							
		知识掌握度	5	5	4	3	2	1							
		技能掌握度	5	5	4	3	2	1							
		善于钻研	5	5	4	3	2	1							
团队（15分）	团队	积极合作	5	5	4	3	2	1							
		互帮互助	5	5	4	3	2	1							
		班组全局观	5	5	4	3	2	1							
敬业（15分）	敬业	精益求精	5	5	4	3	2	1							
		勇担责任	5	5	4	3	2	1							
		出勤情况	5	5	4	3	2	1							
自评分数总得分															

考核等级：优（90~100）　良（80~90）　合格（70~80）　及格（60~70）　不及格（60以下）

引导问题 21：同学们觉得本人班组内各岗位人员工作表现怎么样？

在表 3.5.14 的组内互评表中对其他组员做个评价吧。

表 3.5.14 互评表

互评表				班级		组别		姓名	零件号		零件名称	

结构	内容	具体指标	配分	等级及分值					工艺员	编程员	操作员	检验员	核算员	后勤员	后勤员
				A	B	C	D	E							
工作业绩（50分）	完成情况	职责完成度	15	15	12	9	7	4							
		临时任务完成度	15	15	12	9	7	4							
	工作质效	积极主动	5	5	4	3	2	1							
		不拖拉	5	5	4	3	2	1							
		克难效果	5	5	4	3	2	1							
		信守承诺	5	5	4	3	2	1							
业务素质（20分）	业务水平	任务掌握度	5	5	4	3	2	1							
		知识掌握度	5	5	4	3	2	1							
		技能掌握度	5	5	4	3	2	1							
		善于钻研	5	5	4	3	2	1							
团队（15分）	团队	积极合作													
		互帮互助	5	5	4	3	2	1							
		班组全局观	5	5	4	3	2	1							
敬业（15分）	敬业	精益求精													
		勇担责任	5	5	4	3	2	1							
		出勤情况	5	5	4	3	2	1							
互评分数总得分															
考核等级：优(90~100) 良(80~90) 合格(70~80) 及格(60~70) 不及格(60以下)															

引导问题 22：在整个任务完成过程中，各生产组表现如何？

教师逐次点评各组，并请指导老师在表 3.5.15 中对你的班组进行评价吧。

表 3.5.15 教师评价表

教师评价表				班级	姓名	零件号	零件名称	

评价项目		评价要求	配分	评分标准	得分
任务环节表现	工艺制订	分析准确	3	不合理一处扣1分，漏一处扣2分，扣完为止	
		熟练查表	2	不熟练扣1分，不会无分	
	程序编制	编程规范	4	不规范一处扣1分，扣完为止	
		正确验证	4	验证错误或不合理且无改进，一处扣1分，扣完为止，无验证环节不得分	

教师评价表			班级	姓名	零件号	零件名称
评价项目		评价要求	配分	评分标准		得分
任务环节表现	操作实施	操作规范	10	不规范一处扣1分,扣完为止		
		摆放整齐	3	摆放不整齐无分		
		加工无误	10	有一次事故无分		
		工件完整	3	有一处缺陷扣1分,扣完为止		
		安全着装	1	违反一处扣1分,扣完为止		
	质量检验	规范检测	4	不规范一处扣1分,扣完为止		
		质量合格	4	加工一次不合格扣2分,扣完为止		
	废料管理	正确分析	4	分析不正确一处扣1分,扣完为止		
		及时管理	3	放学即清,拖沓无分		
	成本核算	正确计算	3	概念不正确或计算错误无分		
		正确分析	2	成本分析不合理、不到位或错误无分		
	加工复盘	讨论热烈	2	不热烈无分		
		表述丰富	2	内容不足横线一半扣1分,不写无分		
		言之有物	2	内容不能落实,不具操作性无分		
	考核评价	自评认真	2	不认真无分		
		互评中立	2	不客观或有主观故意成分无分		
综合表现	团队协作	支持信任	5	有良性互动,一次加1分,加满为止		
		目标一致	5	多数组员一致加3分,全体一致满分		
	精神面貌	工作热情	5	一名组员热情加1分,加满为止		
		乐观精神	5	一名组员不畏难加2分,加满为止		
	沟通	交流顺畅	5	一名组员积极加1分,加满为止		
	批判	质疑发问	5	发问提建议,一次加1分,加满为止		
总评分			100	总得分		
		教师签字				

模块四　枪模制作之车铣复合

任务　狙击镜模制作

工作任务

表4.1.1　任务卡

任务名称		实施场所	
班级		姓名	
组别		建议学时	12 学时
知识目标	1.掌握径向孔加工的定位方法； 2.掌握控制圆锥表面粗糙度的方法； 3.掌握孔垂直度检测方法。		
技能目标	1.能够在轴的径向钻削合格的孔； 2.能够加工出表面质量符合要求的圆锥。		
思政目标	精益求精,工匠精神		
教学重点	径向孔加工		
教学难点	孔垂直度检测		
任务图			
任务准备	毛坯尺寸	直径 30mm 的铝棒料	
	设备及附件	数控车床、卡盘扳手、刀架扳手	
	技术资料	数控机床操作规程、编程手册、机械手册等	
	劳保用品	帆布手套、工作服、电工鞋等	

学习任务环节设置								
	环节 1	环节 2	环节 3	环节 4	环节 5	环节 6	环节 7	环节 8
	工艺制订	程序编制	操作实施	质量检验	废弃管理	成本核算	加工复盘	考核评价
环节责任								
时长记录								

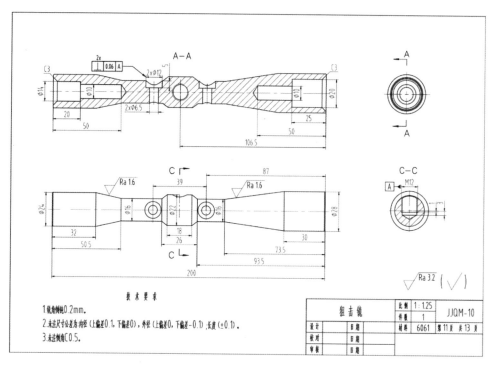

图 4.1.1　狙击镜模块零件图

工艺制订

引导问题 1：读了零件图，你有没有发现错漏、模糊或读不明白的地方？
有的话请写下来。

_____

_____

_____ 。

引导问题 2：识读零件图，并按下列要求分析，并填写到相应的横线上。
结构分析：_____

_____

_____

_____ 。

技术要求分析：_____

_____

_____

_____ 。

工艺措施：_____

_____

_____ 。

能量点1

径向钻孔

径向钻孔是指在销轴类或盘类零件圆周上钻削中心线通过轴线的孔。下图为径向等分孔。

图 4.1.2　径向钻孔

回转体工件可以用 V 形块定位,则其沿工件轴线旋转的自由度没有被限制,加工过程中的振动等可能使工件的特征在周向上发生偏转,从而影响位置精度,所以这就要求在定位装夹方面做文章。另外,由于径向钻孔是在弧面上钻孔,钻头定心困难,切削量不均,钻头偏移轴中心,且偏移方向、位移量不定,会使孔的中心位置度超差。这些你想到了吗? 采取措施了吗?

引导问题3: **为了保证瞄准镜加工质量,可以采用下列哪种装夹方案?**

班组讨论,并从附页中选择贴图,并撕下贴到本题目对应选项下方的虚线框中。

引导问题4: **在瞄准镜的加工过程中,需要用到刀具有哪些? 这些刀具的规格又是**
什么样的?

班组讨论。在图 4.1.3 中所选择的刀具下方括号内打钩,并填表 4.1.2。
表中应填写的刀具包括并不仅限于图 4.1.3 中的刀具。

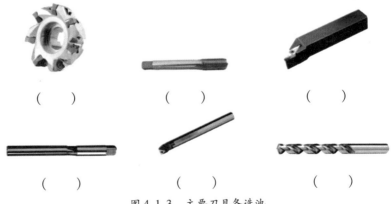

图 4.1.3　主要刀具备选池

表4.1.2 刀具卡

刀具卡				班级	组别	零件号	零件名称
序号	刀具号	刀具名称	数量	加工表面	刀尖半径(mm)		刀具规格(mm)
1							
2							
3							
4							
5							
6							
责任		签字		审核		审定	

能量点 2

铰削与铰刀

（1）什么是铰削？

铰削是用来对中、小直径的孔进行半精加工和精加工的常用的方法。也可用于磨孔或研孔前的预加工。铰削加工精度可达 IT6 ~ IT7，Ra 为 1.6 ~ 0.4μm。铰削可以加工圆柱孔、圆锥孔、通孔和盲孔。铰削可以在钻床、车床、数控机床等多种机床上进行，也可以用手工进行。

（2）铰刀长什么样？

铰削所用的刀具——铰刀，铰刀的制造十分精确、齿数多、芯部直径大，刚性和导向性好。铰刀分机用铰刀和手动铰刀，下图为机用铰刀。

图 4.1.4 铰刀

（3）铰刀上的各部分分别是什么？

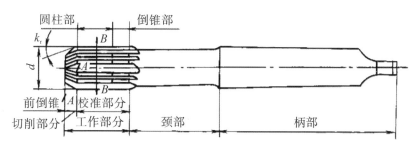

图 4.1.5 机用铰刀

引导问题 5：需要按照什么样的工艺顺序来加工瞄准镜？应该拟定一个什么样的

工艺路线？

完成下面的题目。

加工顺序,指在某一零件的生产过程中各工序的安排顺序,又称工艺路线。工序是工艺路线中的一部分,通常包括切削加工工序、热处理工序和辅助工序。本环节的加工顺序独指切削加工工序的安排顺序。根据零件图和加工要求,勾选加工顺序安排的原则(可多选):

☐ 先主后次原则　　　☐ 基面先行原则　　　☐ 先面后孔原则

☐ 先粗后精原则　　　☐ 先内后外原则　　　☐ 工序集中原则

☐ 刚性破坏小原则

拟定工艺路线:_____

_____

_____。

还有没有更好的工艺路线？也写下来:_____

_____(没有可不填)

✏ 引导问题6:**前面做了这么多的分析,内容比较分散,不利于批量生产加工过程的流程化、标准化,怎么才能避免这个问题呢?**

填了表4.1.3,同学们就明白了。

✏ 引导问题7:**每道工序里都做些什么?**

请根据表4.1.3中划分的工序,在表4.1.4中填写工步内容和与之对应的参数值。

表 4.1.3 机械加工工艺过程卡

机械加工工艺过程卡片

名称	牌号	规格	单件定额	毛坯种类	零件净重	每个毛坯可制零件数	辅料	班级	组别	零件号	零件名称
			材料及材料消耗定额								
序号	工序内容	设备		工装				工时		优化工时	备注
		名称	型号	夹具	刀具	量具	辅具	单件工时	准备结束时间	单件工时	准备结束时间
编制		审核				审定					共 页 第 页

（总工艺路线）

表 4.1.4　机械加工工序卡

机械加工工序卡片

工步号	工步内容	工艺装备	主轴转速	进给量	背吃刀量	工步工时（机动／辅助）	优化工时（机动／辅助）				班级	组别	零件号	零件名称　设备名称　设备型号　夹具名称　工序工时（准终／单件）	工序号	工序名

责任	签字	审核	审定	共　页	第　页

能量点3

加工圆锥切削用量的选择

1. 提高表面粗糙度的方法

车削的加工表面粗糙度一般为 $1.6 \sim 0.8\,\mu m$。

（1）粗车力求在不降低切速的条件下，采用大的切削深度和大进给量以提高车削效率，表面粗糙度为 $R\alpha 20 \sim 10\,\mu m$；

（2）半精车和精车尽量采用高速而较小的进给量和切削深度，表面粗糙度为 $R\alpha 10 \sim 0.16\,\mu m$；

（3）在高精度车床上用精细修研的金刚石车刀高速精车有色金属件，表面粗糙度为 $R\alpha 0.04 \sim 0.01\,\mu m$；

2. 提高锥面表面粗糙度的方法

在圆锥的车削中，我们不只要通过刀尖对准中心来保证形状误差，还要保证表面粗糙度，下面主要说下如何提高圆锥的表面粗糙度的方法。

（1）采用硬质合金车刀。精车时采用高转速（700 ~ 800r/min）、小进给量（0.1mm/r），（0.3 ~ 0.5mm）的切削深度进行车削，硬质合金车刀车削部分应为圆弧形（约为 R2 ~ R3），并且车削时刀刃与工件接触面要大于进给量，这样车削时接触面相对较大，容易使表面粗糙度达到要求。

（2）采用高速钢车刀。对于表面粗糙度要求较高的圆锥面，可以采用高速钢车刀，将高速钢车刀磨成光刀形式，车刀切削部分的宽度为（5 ~ 6mm）。采用低转速（50 ~ 80r/min），（0.2 ~ 0.3mm）的切削深度，小的进给量（0.1mm/r）。并且要保证车削时刀刃与工件接触面要大于进给量，这样车的表面粗糙度较好，对于配合件才能够保证其配合精度。

（3）采用自制车刀。将中心钻等废钻头焊在刀杆上，然后磨成光刀。光刀的前角约10°，主后角20°。加工时因为单纯用光刀加工效率太低，因此我们先用90°硬质合金车刀粗车，粗车后留有（0.3 ~ 0.5mm）精车余量，然后用光刀精车。这种加工方法车出的表面粗糙度相当好，在一定程度上保证了配合精度。并且加工效率较高。

程序编制

引导问题8：**我们编制程序的时候，是手动编程还是自动编程呢？**

工艺制订完成后，需要依据工艺编制程序。我们会发现在某些工序中零件特征或工艺等较复杂，建议自动编程，否则可以手动编程。具体使用哪种编程方法由编程岗自主确定。自动编程，则填写表4.1.5。

表 4.1.5 程序编制记录卡

程序编制记录卡片				班级	组别	零件号	零件名称
序号	工序内容	编制方式(手/自)	完成情况	程序名	优化一	优化二	程序存放位置
责任		签字					

手动编程部分,可以把程序单写在表 4.1.6 中。

表 4.1.6 手工编程程序单

手工编程程序单			班级	组别	零件名称
行号	程序内容	备注	行号	程序内容	备注

引导问题 9:程序编制完成后,就可以直接导入机床进行加工吗?

程序编制过程中可能会出现一些错误,因此自动编程需要程序仿真,手动编程需要程序校验来验证程序的正确性和合理性。如果有不正确或不合理的,记录到表4.1.7中。

表4.1.7 程序验证改进表

序号	需要改动的内容	改进措施
1		
2		
3		
4		

操作实施

引导问题10:该做的前期工作已经做完,下面要进行机床操作,这是本课程的首次机床操作环节,最需要注意什么?（单选）

□ 对刀　　□ 安全　　□ 素养　　□ 态度

操作前需要做以下工作:

(1)检查着装:安全帽,电工鞋,工作帽(女生),目镜,手套等。

(2)复习操作规范:烂熟于心。

(3)检查设备:设备的安全装置功能正常;熟悉急停按钮位置。

(4)检查医疗应急用品:碘附、创可贴、棉签、纱布、医用胶布等。

(5)现场环境的清理。

(6)诵号:技能诚可贵,安全价更高。

引导问题11:在加工瞄准镜体内外轮廓时,有没有出现颤振的现象? 加工质量受到影响了吗? 你又是如何解决的?

_____

思政小课堂

造船工匠

张冬伟,焊工,沪东中华造船(集团)有限公司总装二部围护系统车间电焊二组班组长,高级技师。LNG船是国际上公认的高技术、高难度、高附加值的"三高"船舶,被誉为"造船工业皇冠上的明珠",研发建造LNG船对于推动和保障国家能源战略的实施,具有极为重要的意义。围护系统是LNG船核心,其使用的殷瓦大部分为0.7mm厚的殷瓦钢,殷瓦焊接犹如在钢板上"绣花"。作为一名"80后"焊工,张冬伟不断磨砺本人,用高标准要求本人,不但保质保量完成任务,而且成功攻关多项工艺改动实验任务,为提高LNG船生产效率,保证产品质量发挥了积极作用。2005年荣获中央企业职业技能大赛焊工比赛铜奖,2006年获第二十届中国焊接博览会优秀焊工表演赛一等奖,2012年获中船集团公司"技术能手"称号,2013年获"全国技术能手"称号。

引导问题 12：在钻床或铣床上径向钻孔的时候，事先制订的工艺措施是否有效？为什么？

_____

质量检验

引导问题 13：加工生产出的零件是不是可以直接作为合格件入库？

零件加工完成后，需要质检员对零件质量进行检测，且检测合格后方可入库，同时质检员需填写检验卡片。如果检验不合格，需重做，并重新填写相应工艺表格，空白表格可从附录中获取。

表 4.1.8　质量检验卡

检验卡片			班级	组别	零件号	零件名
责任		签字			JJQM－01	调焦钮
序号	检验项目	检验内容	技术要求	自测	检测	改进措施	改进成效
1		$\phi24^{0}_{-0.1}$	不得超差				
2		$\phi16^{0}_{-0.1}$	不得超差				
3		$\phi22^{0}_{-0.1}$	不得超差				
4		$\phi16^{0}_{-0.1}$	不得超差				
5	轮廓尺寸	$\phi28^{0}_{-0.1}$	不得超差				
6		$\phi10^{+0.1}_{0}$	不得超差				
7		$\phi10^{+0.1}_{0}$	不得超差				
8		$\phi14^{+0.1}_{0}\times20$	不得超差				
9		$\phi20^{+0.1}_{0}\times25$	不得超差				
10		200 ± 0.1	不得超差				
11		50.5 ± 0.1	不得超差				
12	长度	26 ± 0.1	不得超差				
13		93.5 ± 0.1	不得超差				
14		73.5 ± 0.1	不得超差				
15		$2-\phi12\times5$	不得超差				
16		$2-\phi6.5$	不得超差				
17	孔	M12	不得超差				
18		39 ± 0.1	不得超差				
19		87 ± 0.1	不得超差				
20		106.5 ± 0.1	不得超差				

续表

检验卡片				班级	组别	零件号	零件名
责任		签字				JJQM－01	调焦钮
序号	检验项目	检验内容	技术要求	自测	检测	改进措施	改进成效
21	其他	倒角	C3				
22		倒圆	C0.5				
23		表面粗糙度	Ra3.2				
24		网纹 m0.4	Ra1.6				
25		锐角倒钝	C0.2				
26	形位公差	垂直度	0.06				

能量点4

两垂直孔轴线得垂直度检测

1. 孔轴线与工件轴线的垂直度检测

径向钻孔完成后可直接检测,若工件加工完成后再检测,则需要重新设计方案对工件进行定位。具体测量步骤如下:

(1)径向钻孔完成后保持装夹不变,在孔内插入与孔径相同的检验心轴(加工现场提供)。

(2)将百分表吸附在主轴上,表头接触径向孔上部检验心轴,并沿 X 方向反复移动,找到百分表压缩量最大的位置,即为检验心轴沿 Y 方向的最高点。

(3)将百分表压紧检验心轴使指针转动两圈左右。手摇脉冲发生器沿 Z 方向在检验心轴表面移动百分表,需保证移动长度与孔深之比接近1:1,观察百分表跳动量,是否符合垂直度公差要求。

2. 两垂直孔轴线的垂直度检测

(1)用一端带90°锥度的检验心轴检测同一平面内的两垂直孔轴线的垂直度。这种方法分别将一端带90°锥度的检验心轴插入被检孔,并使两检验心轴的锥面接触,然后用塞尺检验,如两锥面不贴合,其最大间隙值即为两孔轴线的垂直度误差。

(2)用90°角尺检测同一平面内的两垂直孔轴线的垂直度。这种方法是将检验心轴在导套的配合下插入一孔内,将镗杆伸入已加工完毕的另一个孔内,将90°角尺与检验心轴和镗杆贴合,然后用塞尺检测90°角尺的接触面间隙,所测得的最大间隙即为两孔轴线垂直度误差。

(3)用检验心轴和百分表检测不在同一平面内的两垂直孔轴线的垂直度。用这种方法检测时,把检验心轴在导套的配合下插入一孔内后,将镗杆伸入另一已加工好的被测孔,并在镗杆上装一百分表。测量时,用手动使主轴旋转,带动百分表测出心轴两测点的读数值,其最大与最小读数之差即为两孔轴线的垂直度误差。

废弃管理

引导问题 14：分析一下，废件质量为什么不合格？

填写分析表。

表 4.1.9　废件分析表

序号	废件产生原因（why）	改进措施（how）	其他

能量点 5

不合格特征分析

表 4.1.10　费件分析表

序	问题	原因分析	改进措施
不合格孔	垂直度超差	1. 工件装夹方法不合理，在加工中发生移动； 2. 钳口或垫铁不平，钳口与基准面间有脏物； 3. 垫铁未压紧。	1. 改变装夹方式，必要时需限制沿钳口平行方向的移动自由度； 2. 应该把工件垫正，用百分表找正，装夹工件前应仔细清除钳口或基准面间的脏物； 3. 装夹完成后用手抽取垫铁，如有松动必须重新装夹。
	孔轴线不直	1. 铰孔前的钻孔偏斜，特别是孔径较小时，由于铰刀刚性较差，不能纠正原有的弯曲度； 2. 铰刀主偏角过大； 3. 导向不良，使铰刀在铰削中易偏离方向。	1. 增加扩孔或镗孔工序校正孔； 2. 减小主偏角； 3. 调整合适的铰刀。
	孔表面粗糙度值高	1. 切削速度过高； 2. 铰刀主偏角过大，铰切削刃口不在同一圆周上； 3. 铰孔余量太大； 4. 铰刀过渡磨损。	1. 降低切削速度； 2. 适当减小主偏角，正确刃磨铰切削刃口； 3. 适当减小铰孔余量； 4. 更换铰刀。
	孔径增大或缩小	1. 切削速度过高孔径增大，反之孔径缩小； 2. 进给量过大孔径缩小，反之孔径增大； 3. 铰刀主偏角过大孔径增大，反之孔径缩小。	1. 选择合适切削速度； 2. 选择合适进给量； 3. 选择合适铰刀主偏角。

引导问题 15：加工中产生的切屑、废件等废弃物怎么处理？

加工中产生的废弃物主要包括切屑、废件等，而废机油和更换切削液后的废液等都是在相应使用期限后才产生，因此不计入日常废弃物收集。请后勤员做好废物的收集，并做好表格记录工作。

表 4.1.11　废料收集记录卡

废料收集记录卡片					班级	组别	零件号	零件名称
序号	材质	类别	重量(kg)	存放位置	处理时间		收集人	备注
责任		签字		审核			审定	

成本核算

引导问题 16：生产瞄准镜付出了多少成本？

本任务采用成本核算方法中的平行结转分步法，因此只计算本任务中产生的生产费用，期间费用不在此任务中计算。请本组核算员根据设备实际使用情况填写表 4.1.12。相关计算见附录中成本核算部分。

表 4.1.12　生产成本核算表

生产成本核算表				班级	组别	零件号	零件名称
制造费用	电费/折旧	使用设备/用品	功率	使用时长	电力价格	电费	折旧费
		用品	规格	单价	数量	费用	备注
	劳保						
		刀具名称	规格	单价	数量	费用	备注
	刀具损失						
	小计						
材料费用		材料名称	牌号	用量	单价	材料费用	
	小计						
人工费用		岗位名称	工时	时薪	人工费用	备注	
		组长					
		编程员					
		操作员					
		检验员					
		核算员					
		后勤员				岗位数视情况	
	小计						
总计							
责任		签字		审核		审定	

加工复盘

引导问题 17：瞄准镜的加工已经结束，补齐非本人岗位的内容，并以班组为单位回顾下整个过程,本人或本人的班组有没有成长?

新学到的东西:_____

_____

_____

_____。

不足之处及原因:_____

_____

_____

_____。

经验总结:_____

_____

_____

_____。

落地转化:_____

_____

_____

_____。

考核评价

引导问题 18:**经过复盘,同学们觉得本人的工作表现怎么样?**

在表 4.1.13 中本人岗位对应的位置做评价。

表 4.1.13　自评表

自评表				班级	组别	姓名	零件号	零件名称

结构	内容	具体指标	配分	等级及分值					工艺员	编程员	操作员	检验员	核算员	后勤员	后勤员
				A	B	C	D	E							
工作业绩 (50分)	完成情况	职责完成度	15	15	12	9	7	4							
		临时任务完成度	15	15	12	9	7	4							
	工作质效	积极主动	5	5	4	3	2	1							
		不拖拉	5	5	4	3	2	1							
		克难效果	5	5	4	3	2	1							
		信守承诺	5	5	4	3	2	1							
业务素质 (20分)	业务水平	任务掌握度	5	5	4	3	2	1							
		知识掌握度	5	5	4	3	2	1							
		技能掌握度	5	5	4	3	2	1							
		善于钻研	5	5	4	3	2	1							

自评表				班级		组别		姓名	零件号		零件名称		
结构	内容	具体指标	配分	等级及分值					工艺员	编程员	操作员	检验员	核算员	后勤员	后勤员
				A	B	C	D	E							
团队 (15分)	团队	积极合作	5	5	4	3	2	1							
		互帮互助	5	5	4	3	2	1							
		班组全局观	5	5	4	3	2	1							
敬业 (15分)	敬业	精益求精	5	5	4	3	2	1							
		勇担责任	5	5	4	3	2	1							
		出勤情况	5	5	4	3	2	1							
		自评分数总得分													

考核等级:优(90～100)　　良(80～90)　　合格(70～80)　　及格(60～70)　　不及格(60 以下)

引导问题 19: 同学们觉得本人班组内各岗位人员工作表现怎么样?

在表4.1.14 的组内互评表中对其他组员做个评价吧。

表4.1.14　互评表

互评表				班级		组别		姓名	零件号		零件名称		
结构	内容	具体指标	配分	等级及分值					工艺员	编程员	操作员	检验员	核算员	后勤员	后勤员
				A	B	C	D	E							
工作业绩 (50分)	完成情况	职责完成度	15	15	12	9	7	4							
		临时任务完成度	15	15	12	9	7	4							
	工作质效	积极主动	5	5	4	3	2	1							
		不拖拉	5	5	4	3	2	1							
		克难效果	5	5	4	3	2	1							
		信守承诺	5	5	4	3	2	1							
业务素质 (20分)	业务水平	任务掌握度	5	5	4	3	2	1							
		知识掌握度	5	5	4	3	2	1							
		技能掌握度	5	5	4	3	2	1							
		善于钻研	5	5	4	3	2	1							
团队 (15分)	团队	积极合作	5	5	4	3	2	1							
		互帮互助	5	5	4	3	2	1							
		班组全局观	5	5	4	3	2	1							

续表

互评表			班级		组别		姓名		零件号		零件名称			

结构	内容	具体指标	配分	等级及分值					工艺员	编程员	操作员	检验员	核算员	后勤员	后勤员
				A	B	C	D	E							
敬业 (15分)	敬业	精益求精	5	5	4	3	2	1							
		勇担责任	5	5	4	3	2	1							
		出勤情况	5	5	4	3	2	1							
互评分数总得分															
考核等级:优(90~100)　良(80~90)　合格(70~80)　及格(60~70)　不及格(60以下)															

引导问题20:在整个任务完成过程中,各生产组表现如何?

教师逐次点评各组,并请指导老师在表4.1.15中对你的班组进行评价吧。

表4.1.15　教师评价表

教师评价表			班级	姓名	零件号	零件名称

评价项目		评价要求	配分	评分标准	得分
任务环节表现	工艺制订	分析准确	3	不合理一处扣1分,漏一处扣2分,扣完为止	
		熟练查表	2	不熟练扣1分,不会无分	
	程序编制	编程规范	4	不规范一处扣1分,扣完为止	
		正确验证	4	验证错误或不合理且无改进,一处扣1分,扣完为止,无验证环节不得分	
	操作实施	操作规范	10	不规范一处扣1分,扣完为止	
		摆放整齐	3	摆放不整齐无分	
		加工无误	10	有一次事故无分	
		工件完整	3	有一处缺陷扣1分,扣完为止	
		安全着装	1	违反一处扣1分,扣完为止	
	质量检验	规范检测	4	不规范一处扣1分,扣完为止	
		质量合格	4	加工一次不合格扣2分,扣完为止	
	废料管理	正确分析	4	分析不正确一处扣1分,扣完为止	
		及时管理	3	放学即清,拖沓无分	
	成本核算	正确计算	3	概念不正确或计算错误无分	
		正确分析	2	成本分析不合理、不到位或错误无分	

续表

教师评价表			班级	姓名	零件号	零件名称
评价项目		评价要求	配分	评分标准		得分
任务环节表现	加工复盘	讨论热烈	2	不热烈无分		
		表述丰富	2	内容不足横线一半扣1分,不写无分		
		言之有物	2	内容不能落实,不具操作性无分		
	考核评价	自评认真	2	不认真无分		
		互评中立	2	不客观或有主观故意成分无分		
综合表现	团队协作	支持信任	5	有良性互动,一次加1分,加满为止		
		目标一致	5	多数组员一致加3分,全体一致满分		
	精神面貌	工作热情	5	一名组员热情加1分,加满为止		
		乐观精神	5	一名组员不畏难加2分,加满为止		
	沟通	交流顺畅	5	一名组员积极加1分,加满为止		
	批判	质疑发问	5	发问提建议,一次加1分,加满为止		
总评分			100	总得分		
		教师签字				

模块五　枪模制作之四轴

任务一　上机匣模制作

工作任务

表 5.1.1

任务名称			实施场所		
班级			姓名		
组别			建议学时		12 学时
知识目标	1.熟悉四轴加工中心的面板操作和系统界面； 2.掌握四轴加工中心对刀方法； 3.掌握四轴加工中心编程方法。				
技能目标	1.熟练四轴对刀； 2.能够操作四轴机床并通过系统操作； 3.能够使用四轴加工中心加工出合格的上机匣。				
思政目标	沟通即为人与人得连接				
教学重点	四轴加工中心的操作与编程				
教学难点	四轴加工中心定向编程				
任务图					
任务准备	毛坯尺寸	直径 30mm 的铝棒			
	设备及附件	数控四轴加工中心、顶尖等			
	技术资料	编程手册、机械手册等			
	劳保用品	帆布手套、工作服、电工鞋等			
学习任务环节设置					

	环节 1	环节 2	环节 3	环节 4	环节 5	环节 6	环节 7	环节 8
	工艺制订	程序编制	操作实施	质量检验	废弃管理	成本核算	加工复盘	考核评价
环节责任								
时长记录								

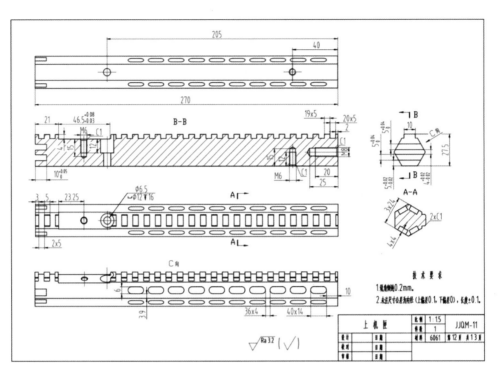

图 5.1.1　上机匣模块零件图

工艺制定

引导问题 1：读了零件图，你有没有发现错漏、模糊或读不明白的地方？请写下来。有的话请写下来。

_____。

引导问题 2：读了零件图，有没有发现某个或某些特征与其他零件相似？有哪些可以借鉴的地方？

_____

_____。

引导问题 3：识读零件图，并按下列要求分析，并填写到相应的横线上。

结构分析：_____

_____

_____

_____。

技术要求分析：_____

_____

_____

_____。

工艺难点：_____

_____

_____

_____。

引导问题 4：**加工上机匣模块的六棱柱特征,你选择使用什么机床呢?**

数控铣床 □　　　　　　四轴加工中心 □

小提示：四轴加工中心的操作可见附页——华中 HNC–818B 系统面板介绍。

思政小课堂

创新精神

　　创新精神是指要具有能够综合运用已有的知识、信息、技能和方法,提出新方法、新观点、新工艺的思维能力和进行发明创造、改革、革新的意志、信心、勇气和智慧。创新精神是一个国家和民族发展的不竭动力,也是一个现代人应该具备的素质。创新不容易但并不神秘,可以说,任何人都可以创新。下面我就给大家讲一个真实的故事。美国有个叫李小曼的画家,他平时做事总是丢三落四,绘画时也不例外,常常是刚刚找到铅笔,又忘了橡皮放在哪儿了。后来为了方便,他就把橡皮用铁丝固定在铅笔上,于是带橡皮的铅笔诞生了。在办了专利手续后,这项发明被一家铅笔公司用 55 万美元买走。这件事说明:只要做有心人,就可能会有创新。人的创新能力是从哪里来的呢? 很多事实告诉我们:人的创新能力不是天生就有的,而是后天培养出来的。要培养本人的创新能力,大家就要敢于尝试、敢于梦想。当然,梦想又往往和现实有着不小的距离,所以大家还需要为实现梦想付出汗水,一点点缩短现实与梦想的距离,最终才能把梦想变成现实。

引导问题 5：**为了保证上机匣加工质量,可以采用下列哪种或哪些装夹方案呢?**

班组讨论,并从附页中选择贴图,并撕下贴到本题目对应选项下方的虚线框中。

```
┌ ─ ─ ─ ─ ─ ┐   ┌ ─ ─ ─ ─ ─ ┐   ┌ ─ ─ ─ ─ ─ ┐
│           │   │           │   │           │
│           │   │           │   │           │
└ ─ ─ ─ ─ ─ ┘   └ ─ ─ ─ ─ ─ ┘   └ ─ ─ ─ ─ ─ ┘
```

小提示：实训现场除了提供通用夹具外,也提供如下图所示立式平口钳。

图 5.1.2　立式平口钳

引导问题6:在上机匣的加工过程中,需要用到刀具有哪些？这些刀具的规格又是什么样的?

班组讨论。在图5.1.3中所选择的刀具下方括号内打钩,并填表5.1.2。

表中应填写的刀具包括并不仅限于图5.1.3中的刀具。

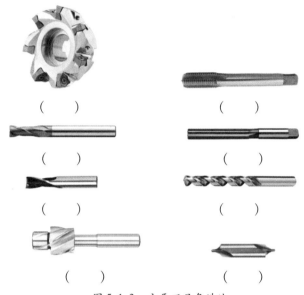

(   )   (   )

(   )   (   )

(   )   (   )

(   )   (   )

图5.1.3   主要刀具备选池

表5.1.2   刀具卡

刀具卡			班级	组别	零件号	零件名称
序号	刀具号	刀具名称	数量	加工表面	刀尖半径(mm)	刀具规格(mm)
1						
2						
3						
4						
5						
6						
7						
8						
责任		签字		审核		审定

引导问题7:需要按照什么样的工艺顺序来加工上机匣? 应该拟定一个什么样的工艺路线?

完成下面的题目。

加工顺序,指在零件的生产过程中对各工序的顺序安排,又称工艺路线。工序是工艺路线的组成部分,通常包括切削工序、热处理工序和辅助工序。鉴于实训室的条件,可以只考虑切削工序和辅助工序。根据调焦钮零件图和加工要求,勾选加工顺序安排的原则(可多选):

☐ 先主后次原则　　☐ 基面先行原则　　☐ 先面后孔原则

☐ 先粗后精原则　　☐ 先内后外原则　　☐ 工序集中原则

☐ 刚性破坏小原则

拟定工艺路线:＿＿＿＿＿＿＿＿＿＿＿＿＿＿＿＿＿＿＿＿＿＿＿＿＿＿＿

＿＿＿＿＿＿＿＿＿＿＿＿＿＿＿＿＿＿＿＿＿＿＿＿＿＿＿＿＿＿＿＿＿

＿＿＿＿＿＿＿＿＿＿＿＿＿＿＿＿＿＿＿＿＿＿＿＿＿＿＿。

还有没有更好的工艺路线? 也写下来:＿＿＿＿＿＿＿＿＿＿＿＿＿＿

＿＿＿＿＿＿＿＿＿＿＿＿＿＿＿＿＿＿＿(没有可不填)。

引导问题 8:前面做了这么多的分析,内容比较分散,不利于批量生产加工过程的流程化、标准化,怎么才能避免这个问题呢? 填了表 5.1.3,同学们就明白了。

引导问题 9:每道工序里都做些什么? 请根据表 5.1.3 中划分的工序,在表 5.1.4 中填写工步内容和与之对应的参数值。

表 5.1.3　机械加工工艺过程卡片

机械加工工艺过程卡

名称						班级	组别	零件号	零件名称
材料及材料消耗定额						总工艺路线			
牌号	规格	单件定额	零件净重	毛坯种类	每个毛坯可制零件数				
工序号	工序内容		设备		工装				工时		优化工时		备注
			名称	型号	夹具	刀具	量具	辅具	辅料	单件工时	准备结束时间	单件工时	准备结束时间	
编制		审核		审定			共　页	第　页	

表 5.1.4　机械加工工序卡

机械加工工序卡片			班级	组别	零件号	零件名称	工序号	工序名
						设备名称		
						设备型号		
						夹具名称		
						工序工时	准终	优化工时
							单件	机动	辅助
工步号	工步内容	工艺装备	主轴转速	进给量	背吃刀量	工步工时 机动 辅助		
责任	签字	审核		审定		共　页	第　页	

程序编制

引导问题 10：**我们编制程序的时候,是手动编程还是自动编程呢?**

工艺制订完成后,需要依据工艺编制程序。我们会发现在某些工序中零件特征或工艺等较复杂,建议自动编程,否则可以手动编程。具体使用哪种编程方法由编程岗自主确定。自动编程,则填写表5.1.5。

表5.1.5　程序编制记录卡

程序编制记录卡片				班级	组别	零件号	零件名称
序号	工序内容	编制方式(手/自)	完成情况	程序名	优化一	优化二	程序存放位置
责任		签字					

手动编程部分,可以把程序单写在表5.1.6中。

表5.1.6　手工编程程序单

手工编程程序单			班级	组别		零件名称
行号	程序内容	备注	行号	程序内容		备注

续表

	手工编程程序单		班级	组别	零件名称

行号	程序内容	备注	行号	程序内容	备注

能量点1

四轴加工中心的定向编程操作

四轴加工中心相比传统数控铣床引进了 A 轴旋转,通过旋转可以使产品实现多面的加工,大大提高了加工效率,减少了装夹次数。尤其是圆柱类零件的加工,可以减少工件的反复装夹,提高工件的整体加工精度,利于简化工艺,提高生产效率。

控制指令为"A"指令后加旋转度数。一般建议采用绝对值编程,避免旋转轴向相反方向旋转的情况发生。如旋转 90°,则程序指令为"G90 G54 A90"。其余编程指令与普通数控铣床相同。

图 5.1.4　四方图

假设加工上图所示的四方特征,采用单层切削,两次走刀完成,程序示例:

O0001

%0001

N1 G17 G90 G80 G40 G54 G49

N2 M03 S1000

N3 G00 X0 Y0

N4 Z20

N5 G00 G90 G54 A0

N6 M98 P0002

N7 G00 G90 G54 A90

N8 M98 P0002

N9 G00 G90 G54 A180

N10 M98 P0002

N11 G00 G90 G54 A270

N12 M98 P0002

N13 G00 Z150

N14 M05

N15 M30

%0002

N1 G00 X10 Y4

N2 Z9.5

N3 G01 X－50 F100

N4 Y－4

N5 X10

N6 M99

引导问题 11：**程序编制完成后,就可以直接导入机床进行加工吗?**

程序编制过程中可能会出现一些错误,因此自动编程需要程序仿真,手动编程需要程序校验来验证程序的正确性和合理性。如果有不正确或不合理的,记录到表 5.1.7 中。

表 5.1.7　程序验证改进表

序号	需要改动的内容	改进措施
1		
2		
3		
4		

操作实施

引导问题12：该做的前期工作已经做完，下面要进行机床操作，这是本课程的首次机床操作环节，最需要注意什么？（单选）

☐ 对刀　　☐ 安全　　☐ 素养　　☐ 态度

操作前需要做以下工作：

（1）检查着装：安全帽，电工鞋，工作帽（女生），目镜，手套等。

（2）复习操作规范：烂熟于心。

（3）检查设备：设备的安全装置功能正常；熟悉急停按钮位置。

（4）检查医疗应急用品：碘附、创可贴、棉签、纱布、医用胶布等。

（5）现场环境的清理。

（6）诵号：技能诚可贵，安全价更高。

引导问题13：四轴加工中心的对刀你会吗？和三轴数控铣床的对刀有什么不同？

_____

_____

_____

_____。

能量点2

四轴加工中心的对刀

四轴加工中心采用分度头装夹，引入了 A 轴旋转。装夹时用卡盘扳手，与三爪卡盘相同的方式进行工件的夹紧、松开与找正。对于圆柱体类工件，对刀时将原点设置在圆柱端面的圆心点，具体对刀方式如下：

X、Y 轴采用"中心测量"方式进行对刀

（1）启动机床主轴，手动移动刀具靠近棒料左侧端面，至刀具产生切屑。

（2）按【设置】键，在功能扩展菜单下进入【工件测量】，选择【中心测量】，选择 G54 坐标系，进入【坐标设定】，如图5.1.5所示。

移动光标至 A X，按确定。继续向右移动光标至 B X，按确定。X 轴对刀完成。

（3）保持机床主轴旋转，手动移动刀具靠近棒料外圆 $Y-$ 方向的最大外圆处，至刀具产生切屑。

（4）移动光标移动光标至 A Y，按确定。

（5）手动移动刀具靠近棒料外圆 $Y+$ 方向的最大外圆处，至刀具产生切屑。

（6）移动光标移动光标至 B Y，按确定。Y 轴对刀完成。

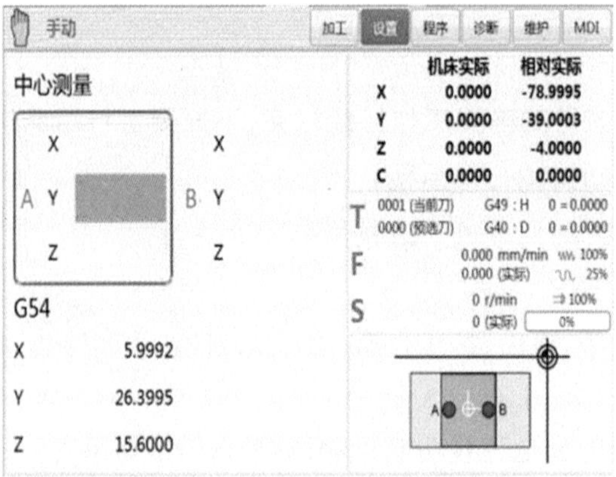

图 5.1.5 坐标设定界面

Z轴采用"坐标值直接输入"方式进行对刀。

1.保持机床主轴旋转,手动移动刀具至 Y 轴零点,保持 Y 方向不变,继续移动刀具至棒料正上方,至刀具产生切屑。

2.按【设置】键,在功能扩展菜单下进入【坐标系】,选择 G54 坐标系,移动光标至 Z,按【当前输入】,移动光标至输入框,输入" – d"(d 为棒料直径),按【增量输入】,按确定。Z 轴对刀完成。

3.全部对刀完成,刀具移动至安全点,停止主轴旋转。

图 5.1.6 Z 轴对刀界面

引导问题 14:**在加工上机匣时,有没发生意料外的问题? 你又是如何解决的?**

_____

_____

_____ 。

引导问题 15:**生产结束后,要做的机床保养有哪些?**

_____

_____

_____ 。

质量检验

引导问题16：加工生产出的零件是不是可以直接作为合格件入库？

零件加工完成后，需要质检员对零件质量进行检测，且检测合格后方可入库，同时质检员需填写检验卡片。如果检验不合格，需重做，并重新填写相应工艺表格，空白表格可从附录中获取。

表 5.1.8　检验卡

检验卡片			班级	组别	零件号	零件名
责任		签字			JJQM－01	调焦钮
序号	检验项目	检验内容	技术要求	自测	检测	改进措施	改进成效

序号	检验项目	检验内容	技术要求	自测	检测	改进措施	改进成效
1		270 ± 0.1	不得超差				
2		21 ± 0.1	不得超差				
3		$46.5^{+0.08}_{+0.03}$	不得超差				
4		4 ± 0.1	不得超差				
5		$10^{+0.05}_{0}$	不得超差				
6		$3-24 \pm 0.1$	不得超差				
7		27.5 ± 0.1	不得超差				
8		5 ± 0.02	不得超差				
9	主体	$5^{+0.04}_{0}$	不得超差				
10		4 ± 0.02	不得超差				
11	轮廓尺寸	$5^{+0.04}_{0}$	不得超差				
12		10 ± 0.1	不得超差				
13		3 ± 0.1	不得超差				
14		5 ± 0.1	不得超差				
15		$2-5 \pm 0.1$	不得超差				
16		2 ± 0.1	不得超差				
17		$19-5 \pm 0.1$	不得超差				
18		$20-5 \pm 0.1$	不得超差				
19		10 ± 0.1	不得超差				
20		3.9 ± 0.1	不得超差				
21	槽	$40-6 \pm 0.1$	不得超差				
22		$40-14 \pm 0.1$	不得超差				
23		$36-4 \pm 0.1$	不得超差				
24		$40- \times 4 \pm 0.1$	不得超差				

检验卡片				班级	组别	零件号	零件名
责任		签字				JJQM – 01	调焦钮
序号	检验项目	检验内容	技术要求	自测	检测	改进措施	改进成效
25	孔	$\phi 6.5_0^{+0.1}$	不得超差				
26		205 ± 0.1	不得超差				
27		$2 – M6 \times 12$	不得超差				
28		23.25 ± 0.1	不得超差				
29		40 ± 0.1	不得超差				
30		$\phi 12_0^{+0.1} \times 16$	不得超差				
31		16 ± 0.1	不得超差				
32		$M8 \times 20$	不得超差				
33	其他	表面粗糙度	Ra3.2				
34		锐角倒钝	C0.2				

废弃管理

引导问题 17：分析一下，废件质量为什么不合格？

填写下面分析表。

表 5.1.9　废件分析表

序号	废件产生原因(why)	改进措施(how)	其他

引导问题 18：加工中产生的切屑、废件等废弃物怎么处理？

加工中产生的废弃物主要包括切屑、废件等，而废机油和更换切削液后的废液等都是在相应使用期限后才产生，因此不计入日常废弃物收集。请后勤员做好废物的收集，并做好表格记录工作。

表5.1.10　废料收集记录卡

废料收集记录卡片					班级	组别	零件号	零件名称
序号	材质	类别	重量(kg)	存放位置	处理时间		收集人	备注
责任		签字		审核			审定	

成本核算

引导问题19：生产上机匣付出了多少成本？

　　本任务采用成本核算方法中的平行结转分步法,因此只计算本任务中产生的生产费用,期间费用不在此任务中计算。请本组核算员根据设备实际使用情况填写下表。相关计算见附录中成本核算部分。

表5.1.11　生产成本核算表

生产成本核算表					班级	组别	零件号	零件名称
制造费用	电费/折旧	使用设备/用品	功率	使用时长	电力价格	电费		折旧费
	劳保	用品	规格	单价	数量	费用		备注
	刀具损失	刀具名称	规格	单价	数量	费用		备注
		小计						

续表

生产成本核算表			班级	组别	零件号	零件名称

材料费用	材料名称	牌号	用量	单价	材料费用	
	小计					

人工费用	岗位名称	工时	时薪	人工费用	备注	
	组长					
	编程员					
	操作员					
	检验员					
	核算员					
	后勤员				岗位数视情况	
	小计					
总计						
责任		签字		审核	审定	

加工复盘

引导问题 20：上机匣的加工已经结束,补齐非本人岗位的内容,并以班组为单位回顾下整个过程,本人或本人的班组有没有成长?

新学到的东西：_____

_____

_____。

不足之处及原因：_____

_____

_____。

经验总结：_____

_____

_____。

落地转化：_____

考核评价

引导问题 21：**本任务即将结束，同学们觉得本人的工作表现怎么样？**

在表5.1.12 中本人岗位对应的位置做评价。

表 5.1.12　自评表

自评表			班级	组别	姓名	零件号	零件名称

结构	内容	具体指标	配分	等级及分值					工艺员	编程员	操作员	检验员	核算员	后勤员	后勤员
				A	B	C	D	E							
工作业绩（50分）	完成情况	职责完成度	15	15	12	9	7	4							
		临时任务完成度	15	15	12	9	7	4							
	工作质效	积极主动	5	5	4	3	2	1							
		不拖拉	5	5	4	3	2	1							
		克难效果	5	5	4	3	2	1							
		信守承诺	5	5	4	3	2	1							
业务素质（20分）	业务水平	任务掌握度	5	5	4	3	2	1							
		知识掌握度	5	5	4	3	2	1							
		技能掌握度	5	5	4	3	2	1							
		善于钻研	5	5	4	3	2	1							
团队（15分）	团队	积极合作	5	5	4	3	2	1							
		互帮互助	5	5	4	3	2	1							
		班组全局观	5	5	4	3	2	1							
敬业（15分）	敬业	精益求精	5	5	4	3	2	1							
		勇担责任	5	5	4	3	2	1							
		出勤情况	5	5	4	3	2	1							
自评分数总得分															
考核等级：优(90~100)　良(80~90)　合格(70~80)　及格(60~70)　不及格(60以下)															

引导问题 22：**同学们觉得本人班组内各岗位人员工作表现怎么样？**

在表5.1.13 的组内互评表中对其他组员做个评价吧。

表 5.1.13　互评表

互评表					班级	组别	姓名	零件号	零件名称						
结构	内容	具体指标	配分	等级及分值					工艺员	编程员	操作员	检验员	核算员	后勤员	后勤员
				A	B	C	D	E							
工作业绩 (50分)	完成情况	职责完成度	15	15	12	9	7	4							
		临时任务完成度	15	15	12	9	7	4							
	工作质效	积极主动	5	5	4	3	2	1							
		不拖拉	5	5	4	3	2	1							
		克难效果	5	5	4	3	2	1							
		信守承诺	5	5	4	3	2	1							
业务素质 (20分)	业务水平	任务掌握度	5	5	4	3	2	1							
		知识掌握度	5	5	4	3	2	1							
		技能掌握度	5	5	4	3	2	1							
		善于钻研	5	5	4	3	2	1							
团队 (15分)	团队	积极合作	5	5	4	3	2	1							
		互帮互助	5	5	4	3	2	1							
		班组全局观	5	5	4	3	2	1							
敬业 (15分)	敬业	精益求精	5	5	4	3	2	1							
		勇担责任	5	5	4	3	2	1							
		出勤情况	5	5	4	3	2	1							
互评分数总得分															

考核等级:优(90~100)　良(80~90)　合格(70~80)　及格(60~70)　不及格(60以下)

引导问题 23:在整个任务完成过程中,各生产组有什么印象呢?

教师逐次点评各组,并请指导老师在表 5.1.14 中对你的班组进行评价吧。

表 5.1.14　教师评价表

教师评价表			班级	姓名	零件号	零件名称	
评价项目	评价要求	配分	评分标准				得分
任务环节表现	工艺制订	分析准确	3	不合理一处扣1分,漏一处扣2分,扣完为止			
		熟练查表	2	不熟练扣1分,不会无分			
	程序编制	编程规范	4	不规范一处扣1分,扣完为止			
		正确验证	4	验证错误或不合理且无改进,一处扣1分, 扣完为止,无验证环节不得分			

续表

教师评价表			班级	姓名	零件号	零件名称

评价项目		评价要求	配分	评分标准	得分
任务环节表现	操作实施	操作规范	10	不规范一处扣1分,扣完为止	
		摆放整齐	3	摆放不整齐无分	
		加工无误	10	有一次事故无分	
		工件完整	3	有一处缺陷扣1分,扣完为止	
		安全着装	1	违反一处扣1分,扣完为止	
	质量检验	规范检测	4	不规范一处扣1分,扣完为止	
		质量合格	4	加工一次不合格扣2分,扣完为止	
	废料管理	正确分析	4	分析不正确一处扣1分,扣完为止	
		及时管理	3	放学即清,拖沓无分	
	成本核算	正确计算	3	概念不正确或计算错误无分	
		正确分析	2	成本分析不合理、不到位或错误无分	
	加工复盘	讨论热烈	2	不热烈无分	
		表述丰富	2	内容不足横线一半扣1分,不写无分	
		言之有物	2	内容不能落实,不具操作性无分	
	考核评价	自评认真	2	不认真无分	
		互评中立	2	不客观或有主观故意成分无分	
综合表现	团队协作	支持信任	5	有良性互动,一次加1分,加满为止	
		目标一致	5	多数组员一致加3分,全体一致满分	
	精神面貌	工作热情	5	一名组员热情加1分,加满为止	
		乐观精神	5	一名组员不畏难加2分,加满为止	
	沟通	交流顺畅	5	一名组员积极加1分,加满为止	
	批判	质疑发问	5	发问提建议,一次加1分,加满为止	
总评分			100	总得分	
	教师签字				

任务二 下机匣模制作

工作任务

表5.2.1 任务卡

任务名称		实施场所	
班级		姓名	
组别		建议学时	10学时
知识目标	1.复习过渡配合的知识； 2.掌握过渡配合的加工方法。		
技能目标	1.能够加工出合格的过渡配合件； 2.能够正确进行过渡件质量分析。		
思政目标	中华传统文化——榫卯		
教学重点	斜面上钻垂直孔		
教学难点	斜面上钻垂直孔		
任务图			
任务准备	毛坯尺寸	直径30mm的铝棒	
	设备及附件	数控四轴加工中心、顶尖等	
	技术资料	编程手册、机械手册等	
	劳保用品	帆布手套、工作服、电工鞋等	

学习任务环节设置								
	环节1	环节2	环节3	环节4	环节5	环节6	环节7	环节8
	工艺制订	程序编制	操作实施	质量检验	废弃管理	成本核算	加工复盘	考核评价
环节责任								
时长记录								

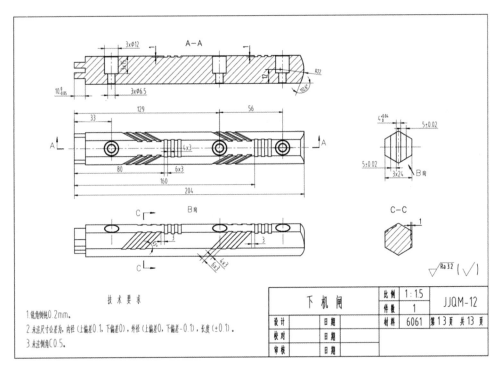

图 5.2.1 下机匣模块零件图

工艺制订

引导问题 1：读了零件图,你有没有发现错漏、模糊或读不明白的地方?
有的话请写下来。

_____。

引导问题 2：读了零件图,有没有发现某个或某些特征与其他零件相似? 有哪些可
以借鉴的地方?

_____

_____

_____。

引导问题 3：识读零件图,并按下列要求分析,并填写到相应的横线上。

结构分析：_____

_____

_____

_____。

技术要求分析：_____

_____

_____

_____。

工艺措施：_____

_____

_____

_____○

能量点1 ▶

　　配合件是指零件与其他一个或一个以上零件之间存在配合关系，一般有间隙配合、过渡配合、过盈配合。"上机匣"与"下机匣"之间的配合属于过渡配合。避免了过盈配合时需要压装或者热装的配合难度，同时能够保证两件之间配合后相对固定。在加工过程中要保证精度，否则也可能造成无法装配的问题。

　　在加工过程中要注意配合件的加工先后顺序，一般在轴套配合中，先加工套类零件，再加工轴类零件，方便在加工过程中及时适配，以保证配合精度。

　　📝 引导问题4：**加工下机匣的六棱柱特征，你选择使用什么机床呢？**

数控铣床 □　　　　　四轴加工中心 □

小提示：四轴加工中心的操作可见附页——华中 HNC–818B 系统面板介绍。

　　📝 引导问题5：**为了保证下机匣加工质量，可以采用下列哪种装夹方案？**

班组讨论，并从附页中选择贴图，并撕下贴到本题目对应选项下方的虚线框中。

┌────────┐　┌────────┐　┌────────┐
│   │　│   │　│   │
│   │　│   │　│   │
└────────┘　└────────┘　└────────┘

小提示：实训现场除了提供通用夹具外，也提供如下图所示立式平口钳。

图5.2.2　立式平口钳

　　📝 引导问题6：**在制退器的加工过程中，需要用到刀具有哪些？这些刀具的规格又是**
什么样的？

班组讨论。在图5.2.3中所选择的刀具下方括号内打钩，并填表5.2.2。

表中应填写的刀具包括并不仅限于图5.2.3中的刀具。

（　　）　　　　　　（　　）

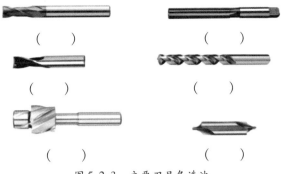

( )   ( )

( )   ( )

( )   ( )

图 5.2.3　主要刀具备选池

表 5.2.2　刀具卡

刀具卡				班级	组别	零件号	零件名称
序号	刀具号	刀具名称	数量	加工表面	刀尖半径(mm)		刀具规格(mm)
1							
2							
3							
4							
5							
6							
责任		签字		审核			审定

能量点 2

切削用量

由于榫卯配合除最小壁厚和槽宽只有 4mm,加工过程中由于切削力与切削热的影响可能造成形状精度较差,影响配合。所以在加工过程中应选择锋利的刀具,采用较高的主轴转速、较低的进给速度、较小的背吃刀量,减小切削力的影响。同时避免刀具长度过长,防止刀具的振动对加工造成影响。由于槽对称分布,所以可以对称切削,使弹性变形相互抵消。

引导问题 7:需要按照什么样的工艺顺序来加工下机匣?应该拟定一个什么样的工艺路线?

完成下面的题目。

加工顺序,指在零件的生产过程中对各工序的顺序安排,又称工艺路线。工序是工艺路线的组成部分,通常包括切削工序、热处理工序和辅助工序。鉴于实训室的条件,可以只考虑切削工序和辅助工序。根据零件图和加工要求,勾选加工顺序安排的原则(可多选):

☐ 先主后次原则　　☐ 基面先行原则　　☐ 先面后孔原则
☐ 先粗后精原则　　☐ 先内后外原则　　☐ 工序集中原则
☐ 刚性破坏小原则

拟定工艺路线：_____

_____

_____。

还有没有更好的工艺路线？也写下来：_____

_____（没有可不填）

引导问题8：**前面做了这么多的分析，内容比较分散，不利于批量生产加工过程的流程化、标准化，怎么才能避免这个问题呢？**

填了表5.2.3，同学们就明白了。

引导问题9：**每道工序里都做些什么？**

请根据表5.2.3中划分的工序，在表5.2.4中填写工步内容和与之对应的参数值。

表 5.2.3　机械加工工艺过程卡

机械加工工艺过程卡片

班级	组别	零件号	零件名称

材料及材料消耗定额				毛坯种类	每个毛坯可制零件数	总工艺路线
名称	牌号	规格	单件定额	零件净重		

序号	工序内容	设备		工装				辅料	工时		优化工时		备注
		名称	型号	夹具	刀具	量具	辅具		单件工时	准备结束时间	单件工时	准备结束时间	

编制		审核		审定		共　页	第　页

表 5.2.4 机械加工工序卡

机械加工工序卡片		班级	组别	零件号	零件名称	工序号	工序名
					设备名称		
					设备型号		
					夹具名称		
					工序工时	准终	
						单件	
工步号	工步内容	工艺装备	主轴转速	进给量	背吃刀量	工步工时 机动 辅助	优化工时 机动 辅助
责任	签字	审核	审定		共 页	第 页

程序编制

引导问题 10:**我们编制程序的时候,是手动编程还是自动编程呢?**

工艺制订完成后,需要依据工艺编制程序。我们会发现在某些工序中零件特征或工艺等较复杂,建议自动编程,否则可以手动编程。具体使用哪种编程方法由编程岗自主确定。自动编程,则填写表5.2.5。

表5.2.5 程序编制记录卡

程序编制记录卡片			班级	组别	零件号	零件名称
序号	工序内容	编制方式(手/自)	完成情况	程序名	优化一	优化二	程序存放位置
责任		签字					

手动编程部分,可以把程序单写在表5.2.6中。

表5.2.6 手工编程程序单

手工编程程序单			班级	组别	零件名称
行号	程序内容	备注	行号	程序内容	备注

续表

手工编程程序单			班级	组别	零件名称
行号	程序内容	备注	行号	程序内容	备注

引导问题 11：程序编制完成后，就可以直接导入机床进行加工吗？

程序编制过程中可能会出现一些错误，因此自动编程需要程序仿真，手动编程需要程序校验来验证程序的正确性和合理性。如果有不正确或不合理的，记录到表 5.2.7 中。

表 5.2.7　程序验证改进表

序号	需要改动的内容	改进措施
1		
2		
3		
4		

能量点 3

程序编制

在配合件加工过程中带有极限偏差的尺寸，要换算成中值尺寸进行编程。防止配合过紧或者过松，达到过渡配合的目的。若过盈配合，外侧工件按最小极限尺寸编程，内侧工件按最大极限尺寸编程。间隙配合，编程尺寸选择与过盈配合相反。

操作实施

引导问题 12：该做的前期工作已经做完，下面要进行机床操作，这是本课程的首次机床操作环节，最需要注意什么？（单选）

☐ 对刀　　☐ 安全　　☐ 素养　　☐ 态度

操作前需要做以下工作：

（1）检查着装：安全帽，电工鞋，工作帽（女生），目镜，手套等。

（2）复习操作规范：烂熟于心。

（3）检查设备：设备的安全装置功能正常；熟悉急停按钮位置。

（4）检查医疗应急用品：碘酒、创可贴、棉签、纱布、医用胶布等。

（5）现场环境的清理。

（6）诵号：技能诚可贵，安全价更高。

引导问题 13：加工这个榫卯结构需要注意些什么？

_____

_____ 。

引导问题 14：在加工下机匣时，有没有发生意料之外的问题？你又是如何解决的？

_____

_____

_____

_____ 。

引导问题 15：生产结束后，要做的机床保养有哪些？

_____

_____

_____ 。

能量点4

注意事项

（1）注意修改刀补值保证尺寸精度。由于对刀误差，机床振动等原因，可能使加工尺寸产生偏差，粗加工后注意测量后修改刀补值，若尺寸偏小需要加大刀补值，尺寸偏大需要减小刀补值。

（2）为较好配合，形状精度也需要保证。为保证槽与端面的垂直，设置工序时铣槽之前应该先确定工件总长，再精铣端面，并以此端面为定位基准装夹铣槽。装夹时用百分表测量，保证端面跳动较小，即端面处于相对水平位置。

（3）倒角去毛刺，毛刺有可能是工件配合不上的主要原因。也可能在装配过程中，刮花配合表面。

引导问题16：拿着新鲜出炉的下机匣，你能联想到我国古代的什么东西吗？

___

___

___

思政小课堂

榫卯

凸者为"榫"，凹者为"卯"。榫与卯之间通过木材的多与少，高与低、长与短之间的巧妙组合，有效地限制木件向各个方向的扭动，起联接和固定作用。它是我国古代匠人们智慧的结晶，更是我国优秀传统文化中集美感和实用完美融合的翘楚。

让我们一起走进神奇的"榫卯"世界。

1. 起源

现代考古学对于榫卯的起源，一致都认为是在距今7000年前的浙江余姚河姆渡文化遗址里，标志着当时木作技术的突出成就。

2. 智慧

单个方向的榫卯组合，十多年间会自动地脱落，可是多个方向的榫卯组合，就会出现极其复杂微妙的平衡，历经千年而不脱落。

为了解密故宫历经多次地震而不倒的秘密，专家特意按比例复制出了一栋缩小的紫禁城建筑模型，并对它进行了地震模拟测试。震级从4.5级、7.5级到10.5级，模型摇晃得越来越剧烈，但始终屹立不倒。最后发现，最关键的原因就在斗拱。斗拱，就像是汽车中的减震器，组成斗拱的每根木材之间都有空隙，在外力的作用下，斗拱使用得越多，对外力分散的作用就越大，能如太极般以柔克刚，巧妙化解地震冲击。而斗拱就是靠榫卯结构将一组小木构件相互叠压组合而成的。

古人的智慧，不得不让人心服口服。榫卯，在木构的内部实现了圆融。

3. 分类

榫卯其大致可分为三大类型。一类主要是作面与面的接合，也可以是两条边的拼合，还可以是面与边的交接构合。如槽口榫、企口榫、燕尾榫、穿带榫、扎榫等。另一类是作为"点"的结构方法。如格肩榫、双榫、双夹榫、勾挂榫、锲钉榫、半榫、通榫等等。还有一类是将三个构件组合一起并相互联结的构造方法。如常见的有托角榫、长短榫、抱肩榫、粽角榫等。

4. 发展

榫卯结构历经数千年发展，其中明清家具的制作几乎用到了所有的榫卯种类，展现了榫卯结构进化的最终样式，我们的故宫等建筑也多为榫卯结构。

5. 传承

榫卯结构是最原始的连接方式，呈现了中国文化与顺乎自然的思想。我们要做的，就是将它延续下去，让更多的人了解它、传承它。

质量检验

引导问题17：**加工生产出的零件是不是可以直接作为合格件入库？**

零件加工完成后，需要质检员对零件质量进行检测，且检测合格后方可入库，同时质检员需填写检验卡片。如果检验不合格，需重做，并重新填写相应工艺表格，空白表格可从附录中获取。

表5.2.8 质量检验卡

检验卡片				班级	组别	零件号	零件名
责任		签字				JJQM－01	调焦钮
序号	检验项目	检验内容	技术要求	自测	检测	改进措施	改进成效
1	轮廓尺寸	204 ± 0.1	不得超差				
2		$10^{0}_{-0.05}$	不得超差				
3		$3 - 24 \pm 0.1$	不得超差				
4	主体	5 ± 0.02	不得超差				
5		$4^{0.04}_{0}$	不得超差				
6		5 ± 0.02	不得超差				
7		R22	不得超差				
8		80 ± 0.1	不得超差				
9		160 ± 0.1	不得超差				
10		$6 - 3 \pm 0.1 \times 1$	不得超差				
11	槽	$4 - 3 \pm 0.1$	不得超差				
12		$12 - 3 \pm 0.1 \times 1$	不得超差				
13		$8 - 3 \pm 0.1$	不得超差				
14		$4 - 3 \pm 0.1$	不得超差				
15		角度	$45°$				
16		$3 - \phi 6.5^{+0.1}_{0}$	不得超差				
17		$3 - \phi 12^{+0.1}_{0} \times 15$	不得超差				
18	孔	33 ± 0.1	不得超差				
19		129 ± 0.1	不得超差				
20		56 ± 0.1	不得超差				
21		倒角	C0.5				
22	其他	表面粗糙度	Ra3.2				
23		锐角倒钝	C0.2				

废弃管理

引导问题 18：**分析一下,废件质量为什么不合格?**

填写下面分析表。

表 5.2.9　废件质量分析表

序号	废件产生原因(why)	改进措施(how)	其他

引导问题 19：**加工中产生的切屑、废件等废弃物怎么处理?**

加工中产生的废弃物主要包括切屑、废件等,而废机油和更换切削液后的废液等都是在相应使用期限后才产生,因此不计入日常废弃物收集。请后勤员做好废物的收集,并做好表格记录工作。

表 5.2.10　废料收集记录卡

废料收集记录卡片					班级	组别	零件号	零件名称
序号	材质	类别	重量(kg)	存放位置	处理时间		收集人	备注
责任		签字		审核			审定	

能量点5

配合质量分析

表5.2.11 配合质量分析表

序号	问题	原因分析	解决方法
1	配合过松	1.配做不合理; 2.精加工余量过大; 3.刀具刚性差,槽上宽下窄,造成配合间隙过大。	1.根据尺寸公差要求加工; 2.减小精加工余量; 3.更换刚性好的刀具,或调整切削用量。
2	配合过紧	1.单件轮廓尺寸不正确; 2.边角毛刺过多; 3.加工表面过于粗糙; 4.工件校正不正确,造成加工表面与基准面不平行。	1.重做此单件至轮廓尺寸正确; 2.加工完后倒角去毛刺; 3.调整切削参数,保证粗糙度; 4.更换工件,正确校正。
3	不能配合	1.单件轮廓尺寸不正确; 2.工件校正不正确,造成加工表面与基准面不平行。	1.重做此单件至轮廓尺寸正确; 2.更换工件,重新百分表校正。
4	部分配合不良	1.每个槽的加工参数不一致; 2.每个槽之间的铣削方向不一致。	1.保证每个槽的加工参数一致; 2.保证加工方向一致,类似加工面同为顺铣或逆铣。
5	轴线不重合	1.对刀误差,导致零件开槽统一偏向一边; 2.工件装夹不牢固; 3.工件校正不正确,造成加工表面与基准面不平行; 4.基准不重合。	1.将刀具切削的对刀方式,改为对刀器对刀,提高对刀的精确度; 2.牢固装夹; 3.更换工件,重新百分表校正; 4.选择定位基准,应与设计基准相重合。

成本核算

引导问题20:生产下机匣付出了多少成本?

本任务采用成本核算方法中的平行结转分步法,因此只计算本任务中产生的生产费用,期间费用不在此任务中计算。请本组核算员根据设备实际使用情况填写下表。相关计算见附录中成本核算部分。

表 5.2.12　生产成本核算表

生产成本核算表				班级	组别	零件号	零件名称
制造费用	电费/折旧	使用设备/用品	功率	使用时长	电力价格	电费	折旧费
	劳保	用品	规格	单价	数量	费用	备注
	刀具损失	刀具名称	规格	单价	数量	费用	备注
		小计					
材料费用		材料名称	牌号	用量	单价	材料费用	
		小计					
人工费用		岗位名称	工时	时薪	人工费用	备注	
		组长					
		编程员					
		操作员					
		检验员					
		核算员					
		后勤员				岗位数视情况	
		小计					
总计							
责任		签字		审核		审定	

加工复盘

引导问题 21：下机匣的加工已经结束,补齐非本人岗位的内容,并以班组为单位回顾下整个过程,本人或本人的班组有没有成长?

新学到的东西:_____

_____

_____

_____。

不足之处及原因:_____

_____

_____

_____。

经验总结:_____

_____

_____

_____。

落地转化:_____

_____

_____

_____。

考核评价

引导问题 22：本任务即将结束,同学们觉得本人的工作表现怎么样?

在表 5.2.13 中本人岗位对应的位置做评价。

表 5.2.13　学生自评表

自评表			班级	组别	姓名	零件号		零件名称		

结构	内容	具体指标	配分	等级及分值					工艺员	编程员	操作员	检验员	核算员	后勤员	后勤员
				A	B	C	D	E							
工作业绩 （50分）	完成情况	职责完成度	15	15	12	9	7	4							
		临时任务完成度	15	15	12	9	7	4							
	工作质效	积极主动	5	5	4	3	2	1							
		不拖拉	5	5	4	3	2	1							
		克难效果	5	5	4	3	2	1							
		信守承诺	5	5	4	3	2	1							

续表

自评表			班级	组别	姓名	零件号		零件名称	

结构	内容	具体指标	配分	等级及分值					工艺员	编程员	操作员	检验员	核算员	后勤员	后勤员
				A	B	C	D	E							
业务素质 (20分)	业务水平	任务掌握度	5	5	4	3	2	1							
		知识掌握度	5	5	4	3	2	1							
		技能掌握度	5	5	4	3	2	1							
		善于钻研	5	5	4	3	2	1							
团队 (15分)	团队	积极合作	5	5	4	3	2	1							
		互帮互助	5	5	4	3	2	1							
		班组全局观	5	5	4	3	2	1							
敬业 (15分)	敬业	精益求精	5	5	4	3	2	1							
		勇担责任	5	5	4	3	2	1							
		出勤情况	5	5	4	3	2	1							
自评分数总得分															

考核等级：优(90~100)　良(80~90)　合格(70~80)　及格(60~70)　不及格(60以下)

引导问题 23：同学们觉得本人班组内各岗位人员工作表现怎么样？

在表 5.2.14 的组内互评表中对其他组员做个评价吧。

表 5.2.14　互评表

互评表			班级	组别	姓名	零件号		零件名称	

结构	内容	具体指标	配分	等级及分值					工艺员	编程员	操作员	检验员	核算员	后勤员	后勤员
				A	B	C	D	E							
工作业绩 (50分)	完成情况	职责完成度	15	15	12	9	7	4							
		临时任务完成度	15	15	12	9	7	4							
	工作质效	积极主动	5	5	4	3	2	1							
		不拖拉	5	5	4	3	2	1							
		克难效果	5	5	4	3	2	1							
		信守承诺	5	5	4	3	2	1							
业务素质 (20分)	业务水平	任务掌握度	5	5	4	3	2	1							
		知识掌握度	5	5	4	3	2	1							
		技能掌握度	5	5	4	3	2	1							
		善于钻研	5	5	4	3	2	1							

互评表				班级	组别		姓名		零件号		零件名称	

结构	内容	具体指标	配分	等级及分值					工艺员	编程员	操作员	检验员	核算员	后勤员	后勤员
				A	B	C	D	E							
团队 (15 分)	团队	积极合作	5	5	4	3	2	1							
		互帮互助	5	5	4	3	2	1							
		班组全局观	5	5	4	3	2	1							
敬业 (15 分)	敬业	精益求精	5	5	4	3	2	1							
		勇担责任	5	5	4	3	2	1							
		出勤情况	5	5	4	3	2	1							
互评分数总得分															
考核等级:优(90~100)　良(80~90)　合格(70~80)　及格(60~70)　不及格(60 以下)															

引导问题 24：在整个任务完成过程中,各生产组表现如何?

教师逐次点评各组,并请指导老师在表 5.2.15 中对你的班组进行评价吧。

表 5.2.15　教师评价表

教师评价表			班级	姓名	零件号	零件名称	

评价项目		评价要求	配分	评分标准	得分
任务环节表现	工艺制订	分析准确	3	不合理一处扣 1 分,漏一处扣 2 分,扣完为止	
		熟练查表	2	不熟练扣 1 分,不会无分	
	程序编制	编程规范	4	不规范一处扣 1 分,扣完为止	
		正确验证	4	验证错误或不合理且无改进,一处扣 1 分, 扣完为止,无验证环节不得分	
	操作实施	操作规范	10	不规范一处扣 1 分,扣完为止	
		摆放整齐	3	摆放不整齐无分	
		加工无误	10	有一次事故无分	
		工件完整	3	有一处缺陷扣 1 分,扣完为止	
		安全着装	1	违反一处扣 1 分,扣完为止	
	质量检验	规范检测	4	不规范一处扣 1 分,扣完为止	
		质量合格	4	加工一次不合格扣 2 分,扣完为止	
	废料管理	正确分析	4	分析不正确一处扣 1 分,扣完为止	
		及时管理	3	放学即清,拖沓无分	

续表

教师评价表			班级	姓名	零件号	零件名称	
评价项目		评价要求	配分	评分标准			得分
任务环节表现	成本核算	正确计算	3	概念不正确或计算错误无分			
		正确分析	2	成本分析不合理、不到位或错误无分			
	加工复盘	讨论热烈	2	不热烈无分			
		表述丰富	2	内容不足横线一半扣1分,不写无分			
		言之有物	2	内容不能落实,不具操作性无分			
	考核评价	自评认真	2	不认真无分			
		互评中立	2	不客观或有主观故意成分无分			
综合表现	团队协作	支持信任	5	有良性互动,一次加1分,加满为止			
		目标一致	5	多数组员一致加3分,全体一致满分			
	精神面貌	工作热情	5	一名组员热情加1分,加满为止			
		乐观精神	5	一名组员不畏难加2分,加满为止			
	沟通	交流顺畅	5	一名组员积极加1分,加满为止			
	批判	质疑发问	5	发问提建议,一次加1分,加满为止			
总评分			100	总得分			
		教师签字					

模块六　枪模生产成本核算

任务　成本核算

工作任务

表6.1.1　任务卡

任务名称		实施场所	
班级		姓名	
组别		建议学时	4 学时
知识目标	1.了解生产成本的基本知识； 2.了解成本与价格间的关系； 3.了解生产成本对企业生存的意义。		
技能目标	1.能够对枪模做整体的成本核算； 2.能够为枪模制定一个合理的市场价格。		
思政目标	降本增效,制造强国		
教学重点	生产成本核算		
教学难点	生产成本核算		
任务图			
任务准备	毛坯尺寸	工作桌、工作椅	
	设备及附件	数控车床 6 台、数控铣床 6 台、四轴加工中心 2 台、工量具 6 套、机床附件等	
	技术资料	A4 纸若干、2B 铅笔若干、中性笔若干	
	劳保用品	帆布手套、工作服、电工鞋等	

学习任务环节设置

	环节 1	环节 2	环节 3	环节 4	环节 5	环节 6	环节 7	环节 8
	工艺制订	程序编制	操作实施	质量检验	废弃管理	成本核算	加工复盘	考核评价
环节责任								
时长记录								

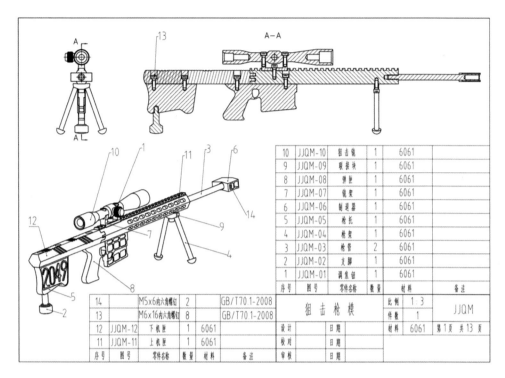

图 6.1.1　狙击枪模装配图

10	JJQM-10	狙击镜	1	6061	
9	JJQM-09	联装块	1	6061	
8	JJQM-08	弹匣	1	6061	
7	JJQM-07	镜架	1	6061	
6	JJQM-06	制退器	1	6061	
5	JJQM-05	枪托	1	6061	
4	JJQM-04	枪架	1	6061	
3	JJQM-03	枪管	2	6061	
2	JJQM-02	支脚	1	6061	
1	JJQM-01	调焦钮	1	6061	
序号	图号	零件名称	数量	材料	备注

14		M5x6内六角螺钉	2	GB/T70.1-2008	
13		M6x16内六角螺钉	8	GB/T70.1-2008	
12	JJQM-12	下机匣	1	6061	
11	JJQM-11	上机匣	1	6061	
序号	图号	零件名称	数量	材料	备注

狙 击 枪 模

比例	1:3		JJQM
件数	1		
材料	6061		第1页 共13页

设计 日期
校对 日期
审核 日期

装配

目前,组成枪模的所有零件都已经加工完成,请同学们把这些零件参照枪模图纸装配成枪模成品。

引导问题 1: 在装配的过程中,你有没有遇到问题? 是怎样解决的?

_____

_____

_____

_____

_____ 。

枪模成本核算

引导问题 2: 枪模的生产成本是多少?

表 6.1.2　生产成本核算表

生产成本核算表			班级	组别	零件号	零件名称
零件名称	材料费用	人工费用	制造费用	废料收入		备注
调焦钮						
支脚						
枪管						
枪架						
狙击镜						
枪托						
制退器						
镜架						
弹匣						
联接块						
上机匣						
下机匣						
合计						

枪模生产成本 = 材料费用 + 人工费用 + 制造费用 − 废料收入 = ＿＿＿＿＿＿

引导问题 3：枪模的总成本是多少？（相关知识参考附录 17）

＿＿

＿＿

＿＿＿＿＿＿＿＿＿＿＿＿＿＿＿＿＿＿＿＿＿＿＿＿＿＿＿＿＿＿＿＿＿＿＿＿＿＿＿。

成本评比

引导问题 4：各组亮一亮刚才得到的成本数据，哪个组取得了冠军？

大家是否有异议，是否请老师仲裁？

请大家把冠军、亚军和季军的名字分别写到领奖台的对应位置。

图 6.1.2　领奖台

引导问题5：同学们从冠军组分享的内容中学到了什么？写下来。

_____

_____

_____

_____

_____。

盈利分析

引导问题6：枪模的市场价格是多少？

同学们可以在线搜索相似产品的市场价格，取平均值确定为参照市场价格。请大家写出本组确定的市场价格_____元，为什么？

_____，

组间讨论的市场价格_____元，为什么？

_____，

老师建议的市场价格_____元，为什么？

_____。

引导问题7：同学们，你们生产组盈利了吗？说一说原因。

_____

_____

_____

_____

_____。

引导问题8：生产成本降低、效率提升，企业就会茁壮成长，制造业就会强大，同学们怎么理解这个"强大"？财富更多？力量更大？抑或其他？

_____

_____

_____

_____

_____。

民族振兴

引导问题 9：同学们知道自 **1840** 年以来中华民族所遭受的百年屈辱吗？

同学们查询晚清名臣张之洞的生平事迹，并写下感想。

圆明园遗址

思政小课堂

社会主义现代化强国

　　党的二十大明确到 2035 年我国发展的总体目标，重点部署了未来五年的战略任务和重大举措，制定了走向现代化和实现中华民族伟大复兴的时间表、路线图。在具体工作实践中，就是要建设制造强国、质量强国、航天强国、交通强国、网络强国、农业强国、海洋强国、贸易强国、教育强国、科技强国、人才强国、文化强国、体育强国等十三个方面的"强国"战略，这是对应全面建成社会主义现代化强国的实施举措、战略部署和实践要求。

能量站

▶ 能量站1   **数控加工的工作流程及岗位设置**

1. 工作流程

企业内进行产品数控车削加工的工作流程如附图1-1所示。

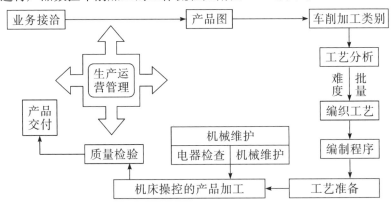

附图1-1 产品数控加工的工作流程

2. 企业岗位设置

企业内针对产品数控加工一般设置如下工作岗位：

1）机床操作工

直接在生产现场操控机床完成零件加工的一线工人。

（1）严格按照机床的操作规程操作机床,保证生产效率和生产质量。

（2）对加工程序应全面理解。

（3）每班清理本班加工后产生的铝屑。

（4）搞好设备的润滑和保养工作。

（5）搞好设备及周围的卫生工作,做到文明生产。

（6）佩带好劳保用品,做到安全生产。

（7）对机床保养和维护。

2）调机员

在生产一线进行产品首件试切加工及参数性能调试并优化的技术人员。

（1）必须树立"质量第一"思想,用优良的工作质量保证生产优质产品;

（2）做到"三懂""四会"。懂工艺流程、质量标准,懂岗位技术,懂设备性能,会操作、会

测量、会维修、会使用设备。开工前认真消化图纸,工艺文件,检查好设备工装,量检具,加工时精心操作,认真检查,做好标记;

(3)认真执行"三检"(自检、互检、专检)制,"三自"(自检、自查、自打标记);

(4)对工卡、量具,仪表做到合理使用,精心保养,操作前要对所用的卡量具,仪器仪表进行自检、自校保证测量的准确性;

(5)搞好整洁文明生产,认真填好原始记录,积极参加工序控制;

(6)保证不合格品不送检,不转工序。

3)编程员

按产品加工工艺及加工要求进行 NC 程序编制的技术人员。

4)工艺员

对产品零件进行工艺分析及加工工艺设计的技术人员。

(1)负责工艺技术标准执行情况的监督检查;

(2)主要从事机械类产品的工艺技术文件编制、工艺流程改善及相关技术问题的处理等工作;

(3)帮助操作工了解贯彻工艺规程和正确使用工艺装备;

(4)优化调整现有产品加工工艺;

(5)推广新工艺、新技术及先进操作经验,不断改进工艺水平和提高劳动生产率;

(6)根据产品设计文件的变更,及时修订相应的工艺技术文件,确保各类技术资料的正确性和一致性;

5)质检员

对产品零件加工质量进行检查和监控的人员。

(1)牢固树立"质量第一"思想,认真执行质量管理制度,对本人检验过的产品质量正确性负责;

(2)严格按产品技术要求标准、图纸、工艺、检验过程及有关技术文件做好"三检"(首检,巡检,终检)搞好"三员"(质量宣传员、技术辅导员、质量检验员)落实"三职能"(预防、把关、报告)保证"三不"(不错检、不漏检、不压检);

(3)及时开好原始单据,记好台账,签发检验凭证或打上记号,及时反馈质量信息,保管好技术文件和印章,维持保养好所用的检测器具;

(4)按规定及时隔离废品、返修品,做好不合格品的管理工作;

(5)监督检查现场4MIE因素受控情况,执行工艺规程、岗位工作标准、质量检验制度情况,对违反者,有权直接或越级向有关部门和领导报告。

6)主管

对零件加工总体工作过程进行计划调度、任务协调及班组统筹管理等的人员。

(1)根据生产任务制定当月生产计划,并组织落实;

(2)每天召开生产调度会;

(3)严格督促检查,对出现的问题及时反馈并协调解决,搞好均衡生产;

(4)对产品加工实行全过程控制,严格执行工艺规程,严格按5S(组织、整顿、清洁、规

范、自律)要求管理生产现场,抓好安全文明生产;

　　(5)加强产品、工作器具的管理,定期组织抽查、盘点,确保正常生产;

　　(6)做好生产统计工作,认真填写生产进程表及生产台账;

　　(7)认真组织,合理调配,精心安排,保质保量完成生产任务;

　　(8)加强理论学习,提高业务水平。

　　以上岗位设置视企业规模大小和管理体系设置会有所不同,有将岗位并置的,如工艺编程人员、操作调机人员;也有岗位设置更具体的,如大规模生产企业有专门设置工艺准备人员(刀具配调员等)的。为确保产品加工的顺利进行,除设备日常点检保养维护外通常还设置有设备维修人员。

3. 课程岗位设置

　　本课程尽可能真实的模拟企业生产场景,然而实际上由于学校训练不可能与企业生产一模一样,比如无法实现批量化生产等,因此在岗位设置上也呈现一定差异,而且为了提升学生的成本意识设置了核算员岗。具体岗位及职责如下:

　　组长——1.负责工艺分析、方案确定、岗位竞聘;2.负责考勤;3.负责现场加工任务各环节的实施管理和改进;4.负责组内协调沟通和老师的沟通;5.协助教师做好现场的安全管理;6.填写《岗位记录表》。

　　编程员——在不影响质量的前提下编制出规范高效的加工程序,程序调试,跟踪现场加工并及时对不合理或错误的地方改进或改正,协助操作员加工出合格工件填写《程序编制记录卡》并签名,本岗位的6S。

　　操作员——严格按照工艺文件和图纸加工工件,正确填写相应记录,严格按照操作规程要求使用机床,负责机床的日常清理和维护保养工作,及时向组长反馈加工过程中问题并提出建议,及时清点或备用材料、工具和量具等,对完成的工件认真做好自检,本岗位的6S,刀具研磨(使用焊接刀的前提下),填写《机加工工序卡》中的工序工时并签名。

　　检验员——确认坯料尺寸规格材质和数量,按要求完成成品的检验,标识不合格产品并归集;对不合格产品进行分析,查明原因并提出改进建议,并协助组长确定、落实并跟进改进措施;负责检验仪器的使用、校正和维护保养,填写《检验卡》并签名,本岗位的6S。

　　核算员——材料及工量具的领用及盘点;成本资料的收集整理,包括设备使用费用或折旧费、水电费、人工费、材料费等;负责收入、成本和利润的核算;提供成本降低措施与建议;填写成本核算表并签名。

　　勤务员——各岗位的辅助工作,废料的处置工作,组长布置的其他工作。加工场地的6S。

能量站2　　机械加工工艺过程与规程

1.零件机械加工工艺过程的基本概念

1)生产过程和工艺过程

生产过程是指将原材料转变为成品的全部过程。凡是改变生产对象的形状、尺寸、相对位置和性质,使其成为成品或半成品的过程,均称为工艺过程。工艺过程是生产过程中的主要部分,生产过程中除工艺过程的其余的劳动过程则称为生产辅助过程。

2)机械加工工艺过程的组成

根据零件的结构特点、技术要求的不同,一般均需要采用不同的加工方法及加工设备,通过一系列加工步骤,才能使毛坯变成成品零件。同一零件在不同的生产条件下,可能有不同的工艺过程。

机械加工工艺过程是由一个或若干个顺序排列的工序组成的,而工序又可分为安装、工位、工步和走刀。

（1）工序。

一个或一组工人,在一个工作地点,对一个或同时对几个工件加工所连续完成的那一部分工艺过程称为一道工序。划分工序的主要依据是工作地点是否变动和工作是否连续。例如附图2－1所示的阶梯轴,当加工的零件件数较少时,其机械加工的工序组成可如附表2－1所示;当加工的零件件数较多时,其机械加工的工序组成可如附表2－2所示。

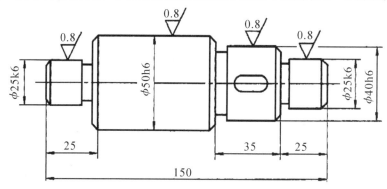

附图2－1　阶梯轴零件简图

附表2－1的工序1中,粗车与精车连续完成,为一道工序;附表2－2中外圆表面的粗车与精车分开,即先完成这批工件的粗车,然后再对这批工件进行精车,这时对每个工件来说,加工已不连续,虽然其他条件未变,但已成为两道工序。

工序是工艺过程的基本单元,也是制订劳动定额、配备设备、安排工人、制订生产计划和进行成本核算的基本单元。

附表 2 – 1　单件小批生产的工序组成

工序号	工序内容	设备
1	平两端面至总长,两端钻中心孔,车各部,除 Ra0.8 处留磨量外,其余车至尺寸	普通车床
2	划键槽线	钳工
3	铣键槽	铣床
4	去毛刺	钳工
5	磨 Ra0.8 的外圆至尺寸	外圆磨床

附表 2 – 2　大批量生产的工序组成

工序号	工序内容	设备
1	铣两端面、钻两端中心孔	专用机床
2	粗车外圆	车床
3	精车外圆、槽和倒角	车床
4	铣键槽	铣床
5	去毛刺	毛刺去除机
6	磨 Ra0.8 的外圆至尺寸	外圆磨床
7	检验	

(2)安装。工件经一次装夹后所完成的那一部分工序称为安装。在一道工序中,工件可能被装夹一次或多次才能完成加工。如附表 2 – 1 所示的工序 1 要进行两次装夹:先装夹工件一端,车端面、钻中心孔,称为安装1;再调头装夹,车另一端面、钻中心孔,称为安装2。

工件在加工中,应尽量减少装夹次数,因为多一次装夹,就会增加装夹时间,还会因装夹误差而造成零件的加工误差,影响零件的加工精度。

(3)工位。为了完成一定的工序加工内容,工件经一次装夹后,工件与夹具或设备的可动部分一起相对刀具或设备的固定部分所占据的每一个位置,称为一个工位。如附表 2 – 2 中的工序 1 铣端面、钻中心孔,就有两个工位。工件经一次装夹后,先在一个工位铣端面,然后移动到另一工位钻中心孔。

生产中为了减少工件装夹的次数,常采用各种回转工作台、回转夹具或多工位夹具,使工件在一次装夹后,先后处于几个不同的位置以进行不同的加工。

(4)工步。在加工表面和加工刀具都不变的情况下,所连续完成的那一部分工序内容称为一个工步,一道工序中可能有一个工步,也可能有多个工步。划分工步的依据是加工表面和加工刀具是否变化。如附表 2 – 1 的工序 1 中,就有车左端面、钻左端中心孔、车右端面、钻右端中心孔等多个工步。

实际生产中,为了简化工艺文件,习惯上将在一次安装中连续进行的若干个相同的工步,看作为一个工步。例如,连续钻如附图 2 – 2 所示零件上六个圆周上的 $\phi 20$ mm 的孔可看作为一个工步。

有时为了提高生产率,用几把刀具同时加工几个表面,这种情况也可看作为一个工步,称为复合工步,如附图 2 – 3 所示就是一个复合工步。复合工步在工艺文件中写为一个工步。

在仿形加工和数控加工中,将使用一把刀具连续切削零件的多个表面(例如阶梯轴零件的多个外圆和台阶)也看作为一个工步。

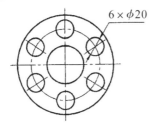

附图2-2　加工六个相同表面的工步　　　　附图2-3　复合工步

(5)走刀。在一个工步内,若被加工表面需切去的金属层很厚,可分几次切削,每切削一次称为一次走刀。一个工步可以包括一次或数次走刀。

3)数控加工工艺过程和数控加工工艺

数控加工工艺过程是利用切削工具在数控机床上直接改变加工对象的形状、尺寸、表面位置等,使其成为成品和半成品的过程。需要说明的是,数控加工工艺过程往往不是从毛坯到成品的整个工艺过程,而是仅由几道数控加工工序组成。

4)生产纲领与生产类型

(1)生产纲领。生产纲领是指企业在计划期内应当生产的产品产量和进度计划。计划期常定为1年,因此生产纲领常称为年产量。

零件的生产纲领要考虑备品和废品的数量,可按下式计算:

$$N = Qn(1 + \alpha)(1 + \beta)$$

式中:N——零件的年产量,单位为件/年;

Q——产品的年产量,单位为台/年;

n——每台产品中该零件的数量,单位为件/台;

α——零件的备品率,一般为3%~5%;

β——零件的废品率,一般为1%~5%。

(2)生产类型。生产类型是指企业(或车间、工段、班组、工作地)生产专业化程度的分类,按照产品的数量一般分为大量生产、成批生产、单件生产三种类型。

生产类型的划分主要根据生产纲领确定,同时还与产品的大小和结构复杂程度有关。产品的生产类型和生产纲领的关系见附表2-3。

附表2-3　生产类型和生产纲领的关系

生产类型		生产纲领(台/年或件/年)		
		重型零件(30kg以上)	中型零件(4~30kg)	轻型零件(4 kg以下)
单件生产		≤5	≤10	≤100
成批生产	小批生产	>5~100	>10~150	>100~500
	中批生产	>100~300	>150~500	>500~5000
	大批生产	>300~1000	>500~5000	>5000~50000
大量生产		>1000	>5000	>50000

5）粗精加工阶段及其精度

工件上每一个表面的加工，总是先粗后精。粗加工去掉大部分余量，要求生产率高；半精加工为精加工均化余量，精加工保证工件的精度要求。对于加工精度要求较高的零件，应当将整个工艺过程划分成粗加工、半精加工、精加工和精密加工（光整加工）等几个阶段，在各个加工阶段之间安排热处理工序。划分加工阶段有如下优点：

（1）有利于保证加工质量。粗加工时，由于切去的余量较大，切削力和所需的夹紧力也较大，因而加工工艺系统受力变形和热变形都比较严重，而且毛坯制造过程因冷却速度不均使工件内部存在着内应力，粗加工从表面切去一层金属，致使内应力重新分布也会引起变形，这就使得粗加工不仅不能得到较高的精度和较小的表面粗糙度，还可能影响其他已经精加工过的表面。粗精加工分阶段进行，就可以避免上述因素对精加工表面的影响，有利于保证加工质量。

（2）合理地使用设备和工艺装备。粗加工采用功率大、刚度大、精度不太高的机床，精加工应在精度高的机床上进行，有利于长期保持机床的精度。粗加工刀具损耗较大，更换频度高，精加工刀具损耗小不需要经常更换，能更好地实现精度的一致性控制。

（3）有利于及早发现毛坯的缺陷（如铸件的砂眼气孔等）。粗加工安排在前，若发现了毛坯缺陷，及时予以报废，以免继续加工造成工时的浪费。

综上所述，工艺过程应当尽量划分成阶段进行。至于究竟应当划分为两个阶段、三个阶段还是更多的阶段，必须根据工件的加工精度要求和工件的刚性来决定。一般说来，工件精度要求越高、刚性越差，划分阶段应越细。

另一方面，粗精加工分开，使机床台数和工序数增加，当生产批量较小时，机床负荷率低、不经济。所以当工件批量小、精度要求不太高、工件刚性较好时也可以不分或少分阶段。

重型零件由于输送及装夹困难，一般在一次装夹下完成粗精加工，为了弥补不分阶段带来的弊端，常常在粗加工工步后松开工件，然后以较小的夹紧力重新夹紧，再继续进行精加工工步。

对于回转体零件的外圆表面加工，通常有以下四种划分阶段的加工路线设计，各阶段能达到的经济精度如附图2-4所示。

粗车—半精车—精车　如果加工精度要求较低，可以只粗车或粗车—半精车。

粗车—半精车—粗磨—精磨　对于黑色金属材料，加工精度等于或低于IT6，表面粗糙度等于或大于$R_a0.4\ \mu m$的外圆表面，特别是有淬火要求的表面，通常采用这种加工路线，有时也可采取粗车—半精车—磨的方案。

粗车—半精车—精车—金刚石车　这种加工路线主要适用于有色金属材料及其它不宜采用磨削加工的外圆表面。

粗车—半精车—粗磨—精磨—精密加工（或光整加工）。

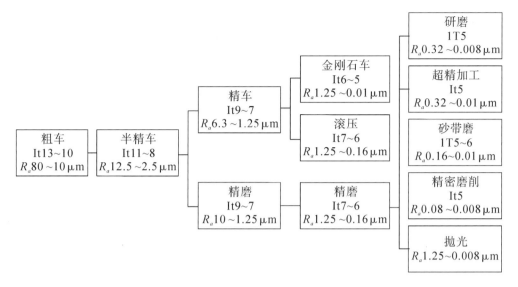

附图 2-4　外圆表面加工各阶段所能达到的经济精度

当外圆表面的精度要求特别高或表面粗糙度值要求特别小时,在方案②的基础上,还要增加精密加工或光整加工方法。常用的外圆表面的精密加工方法有研磨、超精加工、精密磨等;抛光、砂带磨等光整加工方法则是以减小表面粗糙度为主要目的的。

2.机械加工工艺规程

将比较合理的工艺过程确定下来,写成工艺文件,作为组织生产和进行技术准备的依据,这种规定产品或零部件制造工艺过程和操作方法等的工艺文件,称为工艺规程。

1)机械加工工艺规程的作用

机械加工工艺规程是零件生产中关键性的指导文件,它主要有以下几个方面的作用:

(1)是指导生产的主要技术文件。生产工人必须严格按工艺规程进行生产、检验人员必须按照工艺规程进行检验,一切有关生产人员必须严格执行工艺规程,不容擅自更改,这是严肃的工艺纪律,否则可能造成废品,或者产品质量和生产效率下降,甚至会引起整个生产过程的混乱。

但是,工艺规程也不是一成不变的,随着科学技术的发展和工艺水平的提高,今天合理的工艺规程,明天也可能落后。因此,要注意及时把广大工人和技术人员的创造发明和技术革新成果吸收到工艺规程中来,同时,还要不断吸收国内外已成熟的先进技术。为此,工厂除定期进行工艺整顿,修改工艺文件外,经过一定的审批手续,也可临时对工艺文件进行修改,使之更加完善。

(2)是生产组织管理和生产准备工作的依据。生产计划的制定、生产投入前原材料和毛坯的供应,工艺装备的设计、制造和采购,机床负荷的调整,作业计划的编排,劳动力的组织,工时定额及成本核算等,都是以工艺规程作为基本依据的。

(3)是新设计和扩建工厂(车间)的技术依据。新设计和扩建工厂(车间)时,生产所需的设备的种类和数量、机床的布置、车间的面积、生产工人的工种、等级和数量以及辅助部门的安排等都是以工艺规程为基础,根据生产类型来确定的。

除此之外,先进的工艺规程起着推广和交流的作用,典型的工艺规程可指导同类产品的生产。

2)对工艺规程的要求

工艺规程设计的原则是:在一定的生产条件下,在保证产品质量的前提下,应尽量提高生产率和降低成本,使其获得良好的经济效益和社会效益。在工艺规程设计时应注意以下4个方面的问题。

(1)技术上的先进性。所谓技术上的先进性,是指高质量、高效益的获得不是建立在提高工人劳动强度和操作手艺的基础上,而是依靠采用相应的技术措施来保证的。因此,在工艺规程设计时,要了解国内外本行业工艺技术的发展,通过必要的工艺试验,尽可能采用先进的工艺和工艺装备。

(2)经济上的合理性。在一定的生产条件下,可能会有几个都能满足产品质量的要求的工艺方案,此时应通过成本核算或评比,选择经济上最合理的方案,使产品成本最低。

(3)有良好的劳动条件,避免环境污染。在工艺规程设计时,要注意保证工人具有良好而安全的劳动条件,尽可能地采用先进的技术措施,将工人从繁重的体力劳动中解放出来。同时,要符合国家环境保护法的有关规定,避免环境污染。

(4)格式上的规范性。工艺规程应做到正确、完整、统一和清晰,所用术语、符号、计量单位、编号等都要符合相应标准。

3)机械加工工艺规程设计的原始资料

工艺规程设计时,必须具备下列原始资料:

(1)产品的装配图和零件图。

(2)产品验收的质量标准。

(3)产品的生产纲领。

(4)毛坯的生产条件或协作关系。

(5)现有的生产条件和资料。如现有设备的规格、性能,所能达到的精度等级及负荷情况;现有工艺装备和辅助工具的规格和使用情况;工人的技术水平;专用设备和工艺装备的制造能力和水平以及各种工艺资料和技术标准等。

(6)国内外先进工艺及生产技术发展情况。结合本厂的生产实际加以推广应用。使制定的工艺规程具有先进性和最好的经济效益。

4)工艺规程设计的步骤

(1)分析产品的装配图和零件图。

(2)选择毛坯。

(3)选择定位基准。

(4)拟定工艺路线。

(5)确定各工序的设备、刀具、量具和夹具等。

(6)确定各工序的加工余量、计算工序尺寸及公差。

(7)确定各工序的切削用量和时间定额。

(8)确定各工序的技术要求和检验方法。

（9）进行技术经济分析，选择最佳方案。

（10）填写工艺文件。

5）主要工艺规程文件

目前数控加工工艺规程文件尚未制定国家统一标准，各企业一般根据本单位的特点，在传统机械加工工艺规程基础上制定了一些特定的格式文件，如工艺过程卡片、工序卡片、刀具卡片、走刀路线图、程序单等。

工艺过程卡片是以工序为单位详细说明整个工艺过程的工艺文件。单件小批零件一般可在前述附表 2-1 的基础上以简卡的形式说明整体工艺方案，如附表 2-4 所示；而成批生产和小批量生产的重要零件，其工艺卡片用于管理及指导生产的意义更大，需要表达的信息较多，如附表 2-5 所示。

附表 2-4　单件小批零件生产工艺过程简卡

工序号	工序内容	刀、夹、量具	设备
1	平两端面至总长，两端钻中心孔，车各部，除 Ra0.8 处留磨量外，其余车至尺寸	端面刀、外圆刀、槽刀、中心钻 三爪卡盘、顶尖、卡尺、千分尺	普通车床
2	划键槽线	划针、样冲	钳工
3	铣键槽	键槽铣刀、V 型块、卡尺	铣床
4	去毛刺	锉刀、油石、毛刺刀	钳工
5	磨 Ra0.8 的外圆至尺寸	砂轮	外圆磨床

附表 2-5　零件机械加工工艺过程卡片

（工厂名）	机械加工 工艺过程卡	产品型号		零(部)件图号			共　页	
		产品名称		零(部)件名称			第　页	
材料名称	材料牌号	毛坯种类	毛坯尺寸	每毛坯件数	每台件数	零件重量	毛重	
							净重	
工序号	工序名称	工序内容	车间	工段	设备名称及编号	工艺装备及编号	工时	
						夹具　刀具　量具	准终　单件	
						编制　会签	审核　批准	
标记	处记	更改文件号	签字	日期	标记 处记	更改文件号	签字	日期

工序卡片是详细地说明零件某一工序下加工工步安排的细节，在这种卡片上，要画出工序简图，说明该工序的加工表面及应达到的尺寸和公差、零件的装夹方法，刀具的类型和位

置、进刀方向和切削用量等,如附表 2 - 6 所示。

附表 2 - 6 卡钳体零件缸孔加工工序卡片

产品名称	数控加工	零(部)件图号	零(部)件代号	工序名称	工序号
SG1020	工序卡片	101/201	卡钳体	缸孔加工	2

材料名称	材料牌号	
球墨铸铁	QT500 - 7	
机床名称	机床型号	
车削中心	CH6145	
夹具名称	夹具编号	
车床夹具	SY6480 - 101 - J02	
备注	ϕ72.8 为矩形槽直径对表尺寸,测量数为 ϕ72.8$\pm$0.05	

工步	工作内容	刀具	量具	主轴转速 S r/min	背吃刀量/mm	进给速度 F (mm/min)
1	粗车缸孔 ϕ66.4, 45.3	T01	0~125 卡尺专用游标卡尺内径千分尺	500	1.8	90
2	口部扩孔,倒角 $\phi76.7_0^{+0.3}, 7_{-0.15}^0$	T03		300	5	45
3	车防尘槽 $\phi80.8_0^{+0.3}, 4.5_{-0.15}^0$	T05		280	5	42
4	精车缸孔 $\phi66.7_{+0.02}^{+0.05}, Z$ 深 $45_0^{+0.2}$	T07		600	0.15	90
5	预切矩形槽	T09		300	2	75

更改标记	数量	文件号	签字	日期	编制	审核	批准	日期	共 页

能量站3   数控加工工艺准备过程

1.毛坯的准备

由于车削加工主要是回转体类零件的加工,因此其毛坯主要是冷拉和热轧的圆钢型材或具有机械性能改善要求的锻制圆钢毛坯,也有用于大批量生产的铸、锻半成品毛坯,有色金属冷挤压坯件及模压后经高温烧结的粉末冶金坯件。

型材毛坯可依照毛坯余量计算圆整后得到的规格尺寸按计划直接在市场采购,而铸锻毛坯及挤压、粉末冶金等半成品毛坯则需要通过定制生产。另外,加工前期还需要根据工艺规程的要求对毛坯进行退火、调质或时效等预处理。

2.刀、夹、量具及工具的准备

包括:所用刀、夹、量具及装卸工具的规格型号

是采用高速钢车刀还是机夹车刀? 刀片规格有何要求? 有哪些可代用的刀片型号?

是常规工具还是定制工具? 若需要定制,其定制周期需多少时间? 能否采用代用工具?

量具精度如何? 是否需要进一步校准? 等等。

3.与库房及相关岗位间的沟通

工艺实施各岗位间的沟通手段主要是工艺规程文件,需要规范工艺规程文件的格式、统一工艺规程的标准、理解文件内容中各项目的含义。只有依照工作管理流程,按部就班地履行各岗位间工作交接的手续,严格按工艺规程文件进行工艺实施,就能够很好地界定责任,做到权责分明。

4.毛坯及刀具的装调

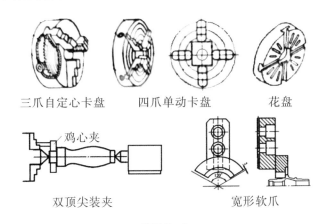

三爪自定心卡盘   四爪单动卡盘   花盘

双顶尖装夹   宽形软爪

附图 3-1

如附图 3-1 所示,车床的毛坯大多采用三爪自定心卡盘进行装夹固定即可,细长轴类毛坯还需要使用尾座顶尖辅助支承;对于非对称毛坯则需要采用四爪卡盘装夹,并以已加工

基准面或待加工粗毛坯面打表找正后再固定。对于薄壁件加工,为防夹压变形尚需采用定制宽形软爪装夹固定。前置四方刀架上车刀的装夹后置回转刀盘上车刀的装夹。

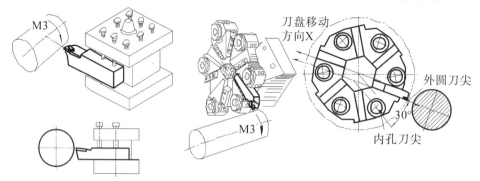

附图 3 - 2　数控车床上车刀的装夹

　　如附图 3 - 2 所示,车刀在刀架上的安装是以使刀尖高与主轴回转中心等高为参照来固定的,俗称"对中心高"。机夹车刀通常具有标准刀方的刀杆尺寸,其上所装夹刀片的刀尖高位置亦遵循标准设定,且刀片通常是不重磨设计,因此机夹车刀在标准刀架上直接夹压固定即可保证其中心高的对正;对于刀杆尺寸不太标准的高速钢车刀或焊接车刀,由于刀杆尺寸的变化以及因刀刃多次重磨导致刀尖高的改变,通常需要加设垫片以保证其中心高的对正。采用机夹可换刀片的车刀,当刀具磨钝超出耐用度要求后,可直接卸下刀片进行刀片转位重装或更换新刀片,重装刀片后其刀尖位置不变,一般不需要重新对刀即可使用。而高速钢车刀和焊接车刀在刀尖磨钝后需要将刀具整体卸下并重新刃磨后再重装,每次都需要重新对刀操作。因此,对于批量生产的数控车削加工,应尽可能采用标准的机夹可转位车刀以缩短装夹对刀的占机时间,提高生产效率。

能量站4　　机床技术资料中关于程序编制的规定

在数控机床随机附带的技术资料里,用户手册和系统编程说明书中均有针对程序编制的相关规定和技术说明。用户手册提供的机床性能参数中一般有指令方式(绝对/增量、直径/半径)、最大指令值(如99999.999)、公英制转换、最大进给速度和主轴转速以及本机床特有程序指令控制功能等的技术指标说明,具有常用G、M指令功能表;系统编程说明书中对本机床系统的程序编制规则有详细的说明。

1)程序行的一般格式

一个基本程序行可按如下形式书写:N04 G02 X ± 43 Z ± 43⋯F42 S04 T04 M02 ;

其中:

N04——N 表示程序段号,04 表示其后最多可跟 4 位数,数字最前的 0 可省略不写。

G02——G 为准备功能字,02 表示其后最多可跟 2 位数,数字最前的 0 可省略不写。

X ± 43
Y ± 43　——坐标功能字,± 表示后跟的数字值有正负之分,正号可省略,负号不能省略。

43 表示小数点前取 4 位数,小数点后可跟 3 位数,与技术指标中最大指令值 9999.999 含义相同。程序中作为坐标功能字的主要有绝对坐标方式的 X、Z、C,增量坐标方式的 U、W、H 等,坐标数值单位由程序指令设定或系统参数设定。

F42——F 为进给速度指令字,42 表示小数点前取 4 位数,小数点后可跟 2 位数。

S04——S 为主轴转速指令字,04 表示其后最多可跟 4 位数,数字最前的 0 可省略不写。

T04——T 为刀具功能字,04 表示其后最多可跟 4 位数,数字最前的 0 可省略不写。

M02——M 为辅助功能字,02 表示其后最多可跟 2 位数,数字最前的 0 可省略不写。

2)G 功能表 (格式:G2　G 后可跟 2 位数)

附表 4 - 1　HNC 常用 G 功能指令

代码	组	意义	代码	组	意义	代码	组	意义
* G00	01	快速点定位	* G40	07	刀补取消	G73	00	车闭环复合循环
G01		直线插补	G41		左刀补	G76		车螺纹复合循环
G02		顺圆插补	G42		右刀补	G80	01	车外圆固定循环
G03		逆圆插补	G52	00	局部坐标系设置	G81		车端面固定循环
G32		螺纹切削	G54	11	零 点	G82		车螺纹固定循环
G04	00	暂停延时	~ G59		偏 置	* G90	03	绝对坐标编程
G20	02	英制单位	G65	00	简单宏调用	G91		增量坐标编程
* G21		公制单位	G66	12	宏指令调用	G92	00	工件坐标系指定
G27		回参考点检查	G67		宏调用取消	* G94	05	每分钟进给方式
G28	06	回参考点	G71	00	车外圆复合循环	G95		每转进给方式
G29		参考点返回	G72		车端面复合循环			

（1）表内 00 组为非模态指令,只在本程序段内有效。其他组为模态指令,一次指定后持续有效,直到被本组其他代码所取代。

（2）标有 * 的 G 代码为数控系统通电启动后的默认状态。

3）M 功能（格式:M2 M 后可跟 2 位数）

车削中常用的 M 功能指令有:

M00——进给暂停 M01——条件暂停 M02——程序结束

M03——主轴正转 M04——主轴反转 M05——主轴停转

M98——子程序调用 M99——子程序返回。

M08——开切削液 M09——关切削液 M30——程序结束并返回到开始处

4）T 功能（格式:T4 或 T2）

数控车床的 T 后一般允许跟 4 位数字,前 2 位表示刀具号,后 2 位表示刀具补偿号。如:T0211 表示用第二把刀具,其刀具偏置及补偿量等数据在第 11 号地址中。也有的机床 T 后只允许跟 2 位数字,即只表示刀具号,刀具补偿则由其他指令设定。

5）S 功能（格式:S4 S 后可跟 4 位数）

用于控制带动工件旋转的主轴的转速。实际加工时,还受到机床面板上的主轴速度修调倍率开关的影响。按公式: $N = 1000Vc / \pi D$ 可根据某材料查得切削速度 Vc,然后即可求得 N. 例如:若要求车直径为 60mm 的外圆时切削速度控制到 48mm/min,则换算得:

$N = 250$ rpm（r/min）   则在程序中指令 S250;

6）车床的编程方式

（1）绝对编程方式和增量编程方式。

绝对编程是指程序段中的坐标点值均是相对于坐标原点来计量的,常用 G90 来指定。增量（相对）编程是指程序段中的坐标点值均是相对于起点来计量的。常用 G91 来指定。如对图 1.3.1 所示的直线段 AB 编程

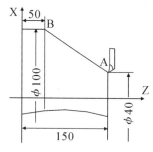

附图 4-1 编程方式示例

绝对编程:G90 G01 X100.0 Z50.0;

增量编程:G91 G01 X60.0 Z – 100.0;

（注:在某些机床中用 X、Z 表示绝对编程,用 U、W 表示相对编程,允许在同一程序段中混合使用绝对和相对编程方法。如图中直线 AB ,可用:

绝对: G01 X100.0 Z50.0;   相对: G01 U60.0 W – 100.0;

混用: G01 X100.0 W – 100.0;   或 G01 U60.0 Z50.0;

这种编程方法不需要在程序段前用 G90 或 G91 来指定。)

（2）直径编程与半径编程

当地址 X 后所跟的坐标值是直径时,称直径编程。如前所述直线 AB 的编程例子。

当地址 X 后所跟的坐标值是半径时,称半径编程。则上述应写为：G90G01X50.0Z50.0;

注:(1)直径或半径编程方式可在机床控制系统中用参数来指定。

（2）无论是直径编程还是半径编程,圆弧插补时 R、I 和 K 的值均以半径值计量。

▶ 能量站 5　　工序的集中与分散

安排零件的工艺过程时,还要解决工序的集中与分散问题。所谓工序集中,就是在一个工序中包含尽可能多的工步内容。在批量较大时,常采用多轴、多工位、多刀架机床、复合刀具及可调夹具等来实现工序集中,从而有效地提高生产率;工序分散与上述情况相反,整个工艺过程的工序数目较多,工艺路线长,而每道工序所完成的工步内容较少,最少时一个工序仅一个工步。

工序集中的优点如下:

(1)减少了工件的装夹次数。当工件各加工表面位置精度较高时,在一次装夹下把各个表面加工出来,既有利于保证各表面之间的位置精度,又可以减少装卸工件的辅助时间。

(2)减少了机床数量和机床占地面积,同时便于采用高生产率的机床加工,大大提高了生产率。

(3)简化了生产组织和计划调度工作。因为工序集中后工序数目少、设备数量少、操作工人少,生产组织和计划调度工作比较容易。

工序集中程度过高对机床、工艺装备及操作工的要求也高,机床的调整和使用费时费事,而且不利于划分加工阶段。工序分散的特点正好相反,由于工序内容简单,所用的机床设备和工艺装备也简单,调整方便,对操作工人的技术水平要求较低。

工序集中与分散必须根据生产类型、工件的加工要求、设备条件等具体情况来进行分析而确定最佳方案。当前机械加工的发展方向趋向于工序集中,在单件小批生产中,常常将同工种的加工集中在一台机床上按工序先后顺序进行,或在台面尺寸允许的情形下分工位进行,以避免搬移、减少占机台数,这也可一定程度上达到工序集中的目的。工序集中的优势更多的是在大批大量生产中能得到显著的体现,采用各种高生产率设备特别是数控机床容易实现工序的高度集中。

但对于某些大量生产的零件,如活塞、轴承等,采用工序分散仍然可以体现较大的优越性。其分散加工的各个工序可以采用效率高而结构简单的专用机床和专用夹具,投资少又易于保证加工质量,同时也方便按节拍组织流水生产,故常常采用工序分散的原则制订工艺规程。

车铣综合加工的零件,因其工艺性质的差别,原则上按车、铣分别进行工序的集中组合,随着具车铣复合加工能力的车削中心的出现,车铣加工可在一次装夹下实现工序的集中组合,同时也更容易保证相对位置精度的要求,有效地减少夹具数量,降低生产成本。

对于大批量多工序加工的零件,通常需要组织流水线生产,此时工序的集中组合还需要考虑生产节拍问题。应计算出各工序甚至工步的加工工时,以每工序工时数相当为依据,合理地进行工序间工步的调整和集中重组,为避免因某工序工时过长而出现瓶颈,有必要进行工序分散的设计安排。

能量站6　　刀具磨损及其补偿修调

1. 刀具失效

刀具在使用过程中丧失切削能力的现象称为刀具失效。刀具的失效对切削加工的质量和加工效率影响极大,应充分重视。在加工过程中,刀具的失效是经常发生的,主要的失效形式包括刀具的破损和磨损两种。

1)刀具破损

刀具的破损是由于刀具选择、使用不当及操作失误而造成的,俗称打刀。一旦发生打刀,很难修复,常常造成刀具报废,属于非正常失效,应尽量避免。刀具的破损包括脆性破损和塑性破损两种形式。脆性破损是由于切削过程中的冲击振动而造成的刀具崩刃、碎断现象和由于刀具表面受交变力作用引起表面疲劳而造成的刀面裂纹、剥落现象;塑性破损是由于高温切削塑性材料或超负荷切削难切削材料时,因剧烈的摩擦及高温作用使得刀具产生固态相变和塑性变形。

2)刀具磨损

刀具的磨损属于正常失效形式,可以通过重磨修复,主要表现为刀具的前刀面磨损、后刀面磨损及边界磨损三种形式。前刀面磨损和边界磨损常见于塑性材料加工中,前刀面磨损出现常说的"月牙洼",如附图6−1所示;边界磨损主要出现在主切削刃靠近工件外皮处和副切削刃靠近刀尖处;后刀面磨损常见于脆性材料加工中,切屑与刀具前面摩擦不大,主要是刀具后面与已加工表面的摩擦。

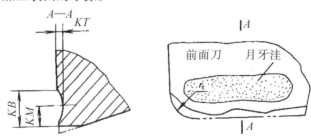

附图6−1　刀具的磨损

刀具磨损的原因很复杂,是机械、热、化学、物理等各种因素综合作用的结果。

2. 刀具磨损过程

在一定条件下,不论何种磨损形态,其磨损量都将随切削时间的增加而增长。由附图6−2可知,刀具的磨损过程可分为3个阶段。

(1)初期磨损阶段(附图6−2的 OA 段)。此阶段磨损较快。这是因为新磨好的刀具表面存在微观粗糙度,且刀刃比较锋利,刀具与工件实际接触面积较小,压应力较大,使后刀面很快出现磨损带。初期磨损量一般在 0.05～0.1mm,磨损量大小与刀具刃磨质量及磨损速度有关。

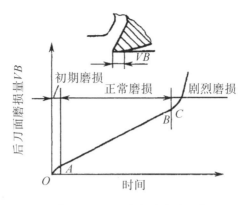

附图 6-2 刀具磨损的典型曲线

(2)正常磨损阶段(附图 6-2 中的 AB 段)。此阶段磨损速度减慢,磨损量随时间的增加均匀增加,切削稳定,是刀具的有效工作阶段。此时曲线为直线,其斜率大小表示刀具的磨损强度,斜率越小,耐磨性越好。它是比较刀具切削性能的重要指标之一。

(3)急剧磨损阶段(附图 6-2 中的 BC 段)。刀具经过正常磨损阶段后已经变钝,如继续切削,温度将剧增,切削力增大,刀具磨损急剧增加。在此阶段,既不能保证加工质量,刀具材料消耗也多,甚至崩刃而完全丧失切削能力。一般应在此阶段之前及时换刀。

实际生产中,若工件加工表面的粗糙度开始增大、切屑的形状和颜色发生变化、工件表面出现挤压亮带、切削过程出现振动和刺耳的噪声等,都标志着刀具已经磨钝,需要更换或重磨刀具。

3.刀具的耐用度

所谓刀具耐用度,指的是从刀具刃磨后开始切削,一直到磨损量超过允许的范围所经过的总切削时间,用符号 T 表示,单位为 min。耐用度应为切削时间,不包括对刀、测量、快进、回程等非切削时间。

刀具的耐用度对切削加工的生产率和生产成本都有直接的影响,应根据加工的实际情况合理规定,不能定得太高或太低。常用刀具合理耐用度的参考值如下(min):

高速钢车刀、镗刀	60~90
高速钢钻头	80~120
硬质合金焊接车刀	60
硬质合金可转位车刀	15~30

当刀具磨钝达到其耐用度要求或刀具破损失效,只能更换刀具或重新刃磨刀具,但当刀具正常磨损尚未达到磨钝标准时,可以使用机床控制软件的刀具补偿功能进行修调,这主要用于零件的批量加工中。

4.刀具磨损后的补偿修调

机床数控软件一般都提供刀具补偿功能,刀具磨损是其补偿项目之一。

程序中使用 T 指令构建工件坐标系时就已经开启了自动刀补功能,在 T xx xx 中,其后所跟 4 位数字的前 2 位表示刀具号,用于调用指定刀位的刀具,后两位表示刀具补偿号,用于进行刀具几何位置的补偿和刀尖磨损补偿,补偿数据可通过切换到"刀补表"功能后将刀补数据设定于刀具补偿数据库中。当刀具几何和磨损补偿表同时具有数据时,刀补量是两者的矢量和。当补偿号为 00 时,表示不进行补偿或取消刀具补偿。

通过对工件尺寸的检测来获取因刀具磨损而使得 X、Z 向尺寸产生变化的变动量数据,然后将该数据输入到磨损刀偏栏内即可。若采用可更换机夹刀片的刀具,在更换新刀片后应将磨损刀偏清除掉,试加工后再检查尺寸以重新获得并输入新的磨损刀偏值。

能量站7　普通螺纹直径与螺距

公称直径			螺距	
第一系列	第二系列	第三系列	粗牙	细牙
4			0.7	0.5
5			0.8	0.5
		5.5		0.5
6			1	0.75
8	7	9	1	0.75
			1.25	1、0.75
			1.25	1、0.75
10			1.5	1.25、1、0.75
		11	1.5	1、0.75
12			1.75	1.5、1.25、1
16	14	15	2	1.5、1.25、1
				1.5、1
			2	1.5、1
20	18	17	2.5	1.5、1
			2.5	2、1.5、1
				2、1.5、1
24	22	25	2.5	2、1.5、1
			3	
	27	26	3	1.5
		28		2、1.5、1
				2、1.5、1
30	33	32	3.5	(3)、2、1.5、1
			3.5	2、1.5
				(3)、2、1.5
36	39	35	4	1.5
		38	4	3、2、1.5
				1.5
				3、2、1.5

能量站8 套螺纹时螺杆直径的选择

粗牙普通螺纹				英制螺纹			圆柱管螺纹		
螺纹直径/mm	螺距/mm	螺杆直径/mm		螺纹直径/mm	螺杆直径/mm		螺纹直径/in	管子直径/mm	
		最小直径	最大直径		最小直径	最大直径		最小直径	最大直径
M6	1	5.8	5.9	1/4	5.9	6	1/8	9.4	9.5
M8	1.25	7.8	7.9	5/16	7.4	7.6	1/4	12.7	13
M10	1.5	9.75	9.85	3/8	9	9.2	3/8	16.2	16.5
M12	1.75	11.75	11.9	1/2	12	12.2	1/2	20.5	20.8
M14	2	13.7	13.85	/	/	/	5/8	22.5	22.8
M16	2	15.7	15.85	5/8	15.2	15.2	3/4	26	26.3
M18	2.5	17.7	17.85	/	/	/	7/8	29.8	30.1
M20	2.5	19.7	19.85	3/4	18.3	18.5	1	32.8	33.1
M22	2.5	21.7	21.85	7/8	21.4	21.6	1 1/2	37.4	37.7
M24	3	23.65	23.8	1	24.5	24.8	1 1/4	41.4	41.7

能量站 9　　螺纹规格及攻丝底孔对照表

螺纹规格	钻头直径
M1.6 × 0.35	ϕ1.25
M2 × 0.4	ϕ1.6
M2.5 × 0.45	ϕ2.05
M3 × 0.5	ϕ2.5
M3.5 × 0.6	ϕ2.9
M4 × 0.7	ϕ3.3
M5 × 0.8	ϕ4.2
M6 × 1	ϕ5
M8 × 1.25	ϕ6.8
M8 × 1	ϕ7
M10 × 1.5	ϕ8.5
M10 × 1.25	ϕ8.8
M12 × 1.75	ϕ10.2
M12 × 1.50	ϕ10.5
M12 × 1.25	ϕ10.8
M14 × 2	ϕ12
M14 × 1.5	ϕ12.5
M16 × 2	ϕ14
M16 × 1.5	ϕ14.5
M18 × 2.5	ϕ15.5
M18 × 1.5	ϕ16.5
M20 × 2.5	ϕ17.5
M20 × 1.5	ϕ18.5
M22 × 2.5	ϕ19.5
M24 × 3	ϕ21
M24 × 2	ϕ22
M27 × 3	ϕ24
M27 × 2	ϕ25
M30 × 3.5	ϕ26.5
M33 × 3.5	ϕ29.3
M36 × 4	ϕ31.8
M39 × 4	ϕ34.8
M42 × 4.5	ϕ37.3

能量站10　　数控车削切削用量选择

外圆车削切削深度参考值（端面切深减半）

轴径	长度											
	≤100		100~250		250~500		500~800		800~1200		1200~2000	
	半精	精车	半精	精车	半精	精车	半精	精车	半精	精车	半精	精车
≤10	0.8	0.2	0.9	0.2	1	0.3	–	–	–	–	–	–
>10–18	0.9	0.2	0.9	0.3	1	0.3	1.1	0.3	–	–	–	–
>18–30	1	0.3	1	0.3	1.1	0.3	1.3	0.4	1.4	0.4	–	–
>30–50	1.1	0.3	1	0.3	1.1	0.4	1.3	0.5	1.5	0.6	1.7	0.6
>50–80	1.1	0.3	1.1	0.4	1.2	0.4	1.4	0.5	1.6	0.6	1.8	0.7
>80–120	1.1	0.4	1.2	0.4	1.2	0.5	1.4	0.5	1.6	0.6	1.9	0.7
>120–180	1.2	0.5	1.2	0.5	1.3	0.6	1.5	0.6	1.7	0.7	2	0.8
>180–260	1.3	0.5	1.3	0.6	1.4	0.6	1.6	0.7	1.8	0.8	2	0.9
>260–360	1.3	0.6	1.4	0.6	1.5	0.7	1.7	0.7	1.9	0.8	2.1	0.9
>360–500	1.4	0.7	1.5	0.7	1.5	0.8	1.7	0.8	1.9	0.9	2.2	1

1. 粗加工，表面粗糙度为 Ra50 - 12.5 时，一次走刀应尽可能切除全部余量。
2. 粗车切削深度的最大值是受车床功率决定的。中等功率机床可以达到 8 - 10mm。

高速钢及硬质合金车刀车削外圆及端面的粗车进给量参考值

工件材料	车刀刀杆尺寸(mm)	工件直径(mm)	切深 进给量 f mm/r ≤3	3-5	5-8	8-12	>12	备注
碳素结构钢、合金结构钢、耐热钢	16×25	20	0.3-0.4	—	—	—	—	1. 断续切削、有冲击载荷时，表内进给量应乘以修正系数：k=0.75-0.85。 2. 加工耐热钢及其合金时，进给量应不大于1mm/r。 3. 无外皮时，表内进给量应乘以系数：k=1.1。 4. 加工淬硬钢时，进给量减小。硬度为HRC45-56时，乘以修正系数:0.8，硬度为HRC57-62,乘以修正系数:k=0.5。
		40	0.4-0.5	0.3-0.4	—	—	—	
		60	0.5-0.7	0.4-0.6	0.3-0.5	—	—	
		100	0.6-0.9	0.5-0.7	0.5-0.6	0.4-0.5	—	
		400	0.8-1.2	0.7-1	0.6-0.8	0.5-0.6	—	
	20×30 25×25	20	0.3-0.4	—	—	—	—	
		40	0.4-0.5	0.3-0.4	—	—	—	
		60	0.6-0.7	0.5-0.7	0.4-0.6	—	—	
		100	0.8-1	0.7-0.9	0.5-0.7	0.4-0.7	—	
		400	1.2-1.4	1-1.2	0.8-1	0.6-0.9	0.4-0.6	
铸铁及铜合金	16×25	40	0.4-0.5	—	—	—	—	
		60	0.6-0.8	0.5-0.8	0.4-0.6	0.5-0.7	—	
		100	0.8-1.2	0.7-1	0.6-0.8	0.6-0.8	—	
		400	1-1.4	1-1.2	0.8-1	—	—	
	20×30 25×25	40	0.4-0.5	0.5-0.8	0.4-0.7	—	—	
		60	0.6-0.9	0.8-1.2	0.7-1	0.5-0.8	—	
		100	0.9-1.3	1.2-1.6	1-1.3	0.5-0.8	—	
		400	1.2-1.8			0.9-1.1	0.7-0.9	

按表面粗糙度选择车削进给量的参考值

工件材料	粗糙度等级（Ra）	切削速度（m/min）	刀尖圆弧半径 进给量 f mm/r			
			0.5	1	2	
碳钢及合金碳钢	10－5	≤50	0.3－0.5	0.45－0.6	0.55－0.7	
		>50	0.4－0.55	0.55－0.65	0.65－0.7	
	5－2.5	≤50	0.18－0.25	0.25－0.3	0.3－0.4	
		>50	0.25－0.3	0.3－0.35	0.35－0.5	
	2.5－1.25	≤50	0.1	0.11－0.15	0.15－0.22	
		50－100	0.11－0.16	0.16－0.25	0.25－0.35	
		>100	0.16－0.2	0.2－0.25	0.25－0.35	
铸铁及铜合金	10－5	不限	0.25－0.4	0.4－0.5	0.5－0.6	
	5－2.5		0.15－0.25	0.25－0.4	0.4－0.6	
	2.5－1.25		0.1－0.15	0.15－0.25	0.2－0.35	

注：适用于半精车和精车的进给量的选择。

车削切削速度参考值

加工材料		硬度	切削深度 (mm)	高速钢刀具		硬质合金刀具						陶瓷 (超硬材料) 刀具		
						未涂层			材料	涂层				
						v (m/min)								
				v (m/min)	f (mm/r)	焊接式	可转位	f (mm/r)		v (m/min)	f (mm/r)	v (m/min)	f (mm/r)	说明
易切碳钢	低碳	100 – 200	1	55 – 90	0.18 – 0.2	185 – 240	220 – 275	0.18	YT15	320 – 410	0.18	550 – 700	0.13	切削条件好，可用冷压 Al₂O₃陶瓷，较差时宜用 Al2O3 + TiC 热压混合陶瓷。下同。
			4	41 – 70	0.4	135 – 185	160 – 215	0.5	YT14	215 – 275	0.4	425 – 580	0.25	
			8	34 – 55	0.5	110 – 145	130 – 170	0.75	YT5	170 – 220	0.5	335 – 490	0.4	
	中碳	175 – 225	1	52	0.2	165	200	0.18	YT15	305	0.18	520	0.13	
			4	40	0.4	125	150	0.5	YT14	200	0.4	395	0.25	
			8	30	0.5	100	120	0.75	YT5	160	0.5	305	0.4	
碳钢	低碳	100 – 200	1	43 – 46	0.18	140 – 150	170 – 195	0.18	YT15	260 – 290	0.18	520 – 580	0.13	—
			4	34 – 33	0.4	115 – 125	135 – 150	0.5	YT14	170 – 190	0.4	365 – 425	0.25	
			8	27 – 30	0.5	88 – 100	105 – 120	0.75	YT5	135 – 150	0.5	275 – 365	0.4	
	中碳	175 – 225	1	34 – 40	0.18	115 – 130	150 – 160	0.18	YT15	220 – 240	0.18	460 – 520	0.13	
			4	23 – 30	0.4	90 – 100	115 – 125	0.5	YT14	145 – 160	0.4	290 – 350	0.25	
			8	20 – 26	0.5	70 – 78	90 – 100	0.75	YT5	115 – 125	0.5	200 – 260	0.4	
	高碳	175 – 225	1	30 – 37	0.18	115 – 130	140 – 155	0.18	YT15	215 – 230	0.18	460 – 520	0.13	
			4	24 – 27	0.4	88 – 95	105 – 120	0.5	YT14	145 – 150	0.4	275 – 335	0.25	
			8	18 – 21	0.5	69 – 76	84 – 95	0.75	YT5	115 – 120	0.5	185 – 245	0.4	

续表

加工材料	硬度	切削深度 (mm)	高速钢刀具 v (m/min)	高速钢刀具 f (mm/r)	硬质合金刀具 未涂层 v (m/min) 焊接式	未涂层 v (m/min) 可转位	未涂层 f (mm/r)	材料	涂层 v (m/min)	涂层 f (mm/r)	陶瓷(超硬材料)刀具 v (m/min)	f (mm/r)	说明
合金钢 低碳	125－225	1	41－46	0.18	135－150	170－185	0.18	YT15	220－235	0.18	520－580	0.13	—
		4	32－37	0.4	105－120	135－145	0.5	YT14	175－190	0.4	365－395	0.25	
		8	24－27	0.5	84－95	105－115	0.75	YT5	135－145	0.5	275－335	0.4	
中碳	175－225	1	34－41	0.18	105－115	130－150	0.18	YT15	175－200	0.18	460－520	0.13	
		4	26－32	0.4	85－90	105－120	0.4－0.5	YT14	135－160	0.4	280－360	0.25	
		8	20－24	0.5	67－73	82－95	0.5－0.75	YT5	105－120	0.5	220－265	0.4	
高碳	175－225	1	30－37	0.18	105－115	135－145	0.18	YT15	175－190	0.18	460－520	0.13	
		4	24－27	0.4	84－90	105－115	0.5	YT14	135－150	0.4	275－335	0.25	
		8	17－21	0.5	66－72	82－90	0.75	YT5	105－120	0.5	215－245	0.4	
高强度钢	225－350	1	20－26	0.18	90－105	115－135	0.18	YT15	150－185	0.18	380－440	0.13	>300HBS时宜用 W12Cr4V5Co5 及 W2Mo9Cr4VCo8
		4	15－20	0.4	69－84	90－105	0.4	YT14	120－135	0.4	205－265	0.25	
		8	12－15	0.5	53－66	69－84	0.5	YT5	90－105	0.5	145－205	0.4	
高速钢	200－225	1	15－24	0.13－0.18	76－105	85－125	0.18	YW1, YT15	115－160	0.18	420－460	0.13	加工 W12Cr4V5Co5 等高速钢时宜用 W12Cr4V5Co5 及 W2Mo9Cr4VCo8
		4	12－－20	0.25－0.4	60－84	69－100	0.4	YW2, YT14	90－130	0.4	250－275	0.25	
		8	9－－15	0.4－0.5	46－64	53－76	0.5	YW3, YT5	69－100	0.5	190－215	0.4	

续表

加工材料	硬度	切削深度 (mm)	高速钢刀具 v (m/min)	高速钢刀具 f (mm/r)	硬质合金刀具 未涂层 v(m/min) 焊接式	硬质合金刀具 未涂层 v(m/min) 可转位	硬质合金刀具 未涂层 f(mm/r)	硬质合金刀具 材料	硬质合金刀具 涂层 v (m/min)	硬质合金刀具 涂层 f (mm/r)	陶瓷(超硬材料)刀具 v (m/min)	陶瓷(超硬材料)刀具 f (mm/r)	陶瓷(超硬材料)刀具 说明
灰铸铁	160－260	1	26－43	0.18	84－135	100－165	0.18－0.25	YG8, YW2	130－190	0.18	395－550	0.13－0.25	>190HBS 时宜用 W12Cr4V5Co5 及 W2Mo9Cr4VCo8
		4	17－27	0.4	69－110	81－125	0.4－0.5		105－160	0.4	245－365	0.25－0.4	
		8	14－23	0.5	60－90	66－100	0.5－0.75		84－130	0.5	185－275	0.4－0.5	
可锻铸铁	160－240	1	30－40	0.18	120－160	135－185	0.25	YW1, YT15	185－235	0.25	305－365	0.13－0.25	－
		4	23－30	0.4	90－120	105－135	0.5	YW1, YT15	135－185	0.4	230－290	0.25－0.4	
		8	18－24	0.5	76－100	85－115	0.75	YW2, YT14	105－145	0.5	150－230	0.4－0.5	
铝合金	30－150	1	245－305	0.18	550－610	max	0.25	YG3X, YW1	－	－	365－915	0.075－0.15	αp＝0.13 －0.4 金刚石刀具
		4	215－275	0.4	425－550		0.5	YG6, YW1			245－760	0.15－0.3	αp＝0.4 －1.25
		8	185－245	0.5	305－365		1	YG6, YW1			150－460	0.3－0.5	αp＝1.25 －3.2
铜合金		1	40－175	0.18	84－345	90－395	0.18	YG3X, YW1	－	－	305－1460	0.075－0.15	αp＝0.13 －0.4 金刚石刀具
		4	34－145	0.4	69－290	76－335	0.5	YG6, YW1			150－855	0.15－0.3	αp＝0.4 －1.25
		8	27－120	0.5	64－270	70－305	0.75	YG8, YW2			90－550	0.3－0.5	αp＝1.25 －3.2

能量站 11   立铣刀切削用量

1. 铣削速度 V 指铣刀旋转时的圆周线速度,单位为 m/min。

计算公式:$V = \pi DN/1000$

式中:D——铣刀直径,mm;

  N——主轴(铣刀)转速,r/min。

从上式可得到:主轴(铣刀)转速:$N = 1000V/\pi D$

2. 进给量

在铣削过程中,工件相对于铣刀的移动速度称为进给量,有三种表示方法:

(1)每齿进给量 Af 铣刀每转过一个齿,工件沿进给方向移动的距离,单位为 mm/z。

(2)每转进给量 f 铣刀每转过一转,工件沿进给方向移动的位为距离,单位为 mm/r。

(3)每分钟进给量 Vf 铣刀每旋转 1min,工件沿进给方向移动的位为距离,单位为 mm/min。

三种进给量的关系为:$Vf = Afzn$

式中:Af——每齿进给量,mm/z。

  z——铣刀(主轴)转速,r/min。

  n——铣刀齿数。

3. 铣削层用量

(1)侧吃刀量 Ae 铣刀在一次进给中所切掉工件表面的宽度,单位为 mm。

(2)背吃刀量 Ap(切削深度)铣刀在一次进给中所切掉工件表面的厚度,即工件的已加工表面和待加工表面间的垂直距离,单位为 mm。

4. 铣削用量选择

立铣刀铣削时背吃刀量、侧吃刀量与铣刀直径、工件材料有关,一般加工铸件、碳素钢、合金钢和硬度低于 40HRC 的预硬钢和调质钢时:$Apmax = 1D$;$Aemax = 0.1D$(D 为铣刀直径),当铣槽时,当 $\phi1 < D < \phi3$ 时,$Ap = 0.15D$,当 $\phi3 < D$ 时,$Ap = 0.3D$;加工硬度 40HRC ~ 50HRC 的预硬钢和调质钢时:$Apmax = 1D$;$Aemax = 0.05D$(D 为铣刀直径),当铣槽时,$Ap = 0.05D$;加工铝合金时:$Apmax = 1.5D$;$Aemax = 0.1D$(D 为铣刀直径),当铣槽时,$Ap = 0.5D$。当切削面远大于刀具直径需多行切削时,一般侧吃刀量取铣刀直径的 70% ~ 80%。

立铣刀铣削用量与刀齿数、刀具直径、工件材料等因素有关,可以参考表1。

附表 11-1　硬质合金涂层立铣刀切削用量表

被加工材料	铸件球墨铸件		碳素钢合金钢 ~750N/mm²		碳素钢合金钢 ~30HRC		预硬钢调质钢 ~40HRC		不锈钢		预硬钢调质钢 ~50HRC		铝合金	
刀齿数	2	4	2	4	2	4	2	4	2	4	2	4	2	3
直径（mm）	进给速度（mm/min）		进给速度（mm/min）		进给速度（mm/min）		进给速度（mm/min）		进给速度（mm/min）		进给速度（mm/min）		进给速度（mm/min）	
1	165	250	165	250	135	200	135	200	50	90	100	150	650	800
2	265	400	265	400	240	360	235	350	70	100	150	225	950	1200
3	455	680	455	680	420	630	350	525	100	120	275	410	1500	1800
4	465	700	465	700	430	640	355	535	110	125	280	420	1600	2000
5	485	730	485	730	450	670	370	560	110	125	295	440	1500	1750
6	500	750	500	750	460	690	385	575	115	135	300	450	1250	1500
8	495	740	495	740	455	680	380	565	115	135	305	460	1400	1650
10	485	730	485	730	450	670	370	560	115	135	290	435	1600	1900
12	485	730	485	730	450	670	370	560	115	135	290	435	1650	1950
14	455	680	455	680	420	630	350	525	110	125	275	410	1700	2000
16	455	680	455	680	420	630	350	525	100	120	275	410	1700	2000
18	445	670	445	670	410	620	345	515	100	105	270	405	1700	2000
20	445	670	445	670	410	620	345	515	100	105	270	405	1700	2000

立铣刀铣削用量工件材料等因素有关,可以参考附表 11-2。

附表 11-2　整体硬质合金涂层立铣刀铣削用量推荐表

被加工材料	铸件球墨铸件	碳素钢合金钢 ~750N/mm²	碳素钢合金钢 ~30HRC	预硬钢调质钢 ~40HRC	不锈钢	预硬钢调质钢 ~50HRC	铝合金（非涂层刀具）
切削速度 m/min	130	130	120	100	70	80	250

根据公式 $Vc = \pi dn / 1000$,我们可以计算出球头铣刀铣削转速。

Vc:切削速度,单位 m/min

d:刀具直径,单位 mm

n:主轴转速,单位 r/min

表 1 和附表 11-2 是侧铣加工的标准值,刀具铣槽时:当工件材料为铸铁、钢等材料时,切削速度为上表的 50% ~70%,进给速度为上表的 40% ~60%;当工件材料为铝合金时,进给速度为上表的 70%。当 $D \leqslant \phi 2$ 时,由于刀具刚性较小,所以切削速度要降低。机床与工件安装刚性较差的情况下,会产生振动和异常声音,此时应将切削速度与进给速度同比降低。切削深度较小时,切削速度和进给可以同比提高。

能量站 12　　未注尺寸公差

一、未注尺寸公差按 GB/T1804

（1）线性尺寸的极限偏差数值（GB/T1804 – 2000）（mm）。

公差等级	尺寸分段							
	0.5 ~ 3	>3 ~ 6	>6 ~ 30	>30 ~ 120	>120 ~ 400	>400 ~ 1000	>1000 ~ 2000	>2000 ~ 4000
f(精密级)	±0.05	±0.05	±0.1	±0.15	±0.2	±0.3	±0.5	–
m(中等级)	±0.1	±0.1	±0.2	±0.3	±0.5	±0.8	±1.2	±2
c(粗糙级)	±0.2	±0.3	±0.5	±0.8	±1.2	±2	±3	±4
v(最粗级)	–	±0.5	±1.5	±1.5	±2.5	±4	±6	±8

（2）倒圆半径和倒角高度尺寸的极限偏差（GB/T1804 – 2000）mm。

公差等级	尺寸分段			
	0.5 ~ 3	>3 ~ 6	>6 ~ 30	>30
f(精密级)	±0.2	±0.5	±1	±2
m(中等级)				
c(粗糙级)	±0.4	±1	±2	±4
v(最粗级)				
注:倒圆半径与倒角高度的含义见 GB6403.4（零件倒圆与倒角）				

（3）角度尺寸的极限偏差数值（GB/T1804 – 2000）。

公差等级	长度 mm				
	≤10	>10 ~ 50	>60 ~ 120	>120 ~ 400	>400
m(中等级)	±1°	±30′	±20′	±20′	±5′
c(粗糙级)	±1°30′	±1°	±30′	±30′	±10′
v(最粗级)	±3°	±2°	±1°	±1°	±20′

二、未注形位公差按 GB/T1184

（1）直线度和平面度未注公差值（GB/T1184 – 1996）（mm）。

公差等级	直线度和平面度基本长度的范围					
	~ 10	>10 ~ 30	>30 ~ 100	>100 ~ 300	>300 ~ 1000	>1000 ~ 3000
H	0.02	0.05	0.1	0.2	0.3	0.4
K	0.05	0.1	0.2	0.4	0.6	0.8
L	0.1	0.2	0.4	0.8	1.2	1.6

（2）垂直度未注公差值（GB/T1184 - 1996）（mm）。

公差等级	垂直度公差短边基本长度的范围			
	~100	>100~300	>300~1000	>1000~3000
H	0.2	0.3	0.4	0.5
K	0.4	0.6	0.8	1
L	0.5	1	1,5	2

能量站 13　　多轴机床与多轴加工

1. 多轴机床及多轴联动加工

1）多轴机床的坐标系统

多轴联动加工：多轴是指机床能控制的运动坐标轴数在四轴及四轴以上；联动是指可以按照特定的函数关系同时控制的运动坐标轴数，从而可实现刀具相对于工件的位置和速度控制。

根据数控机床坐标系统的设定原则，通常数控机床的基本控制轴 X、Y、Z 为直线运动，绕 X、Y、Z 旋转运动的控制轴则分别为 A、B、C，若在基本的直角坐标轴 X、Y、Z 之外，还有其他轴线平行于 X、Y、Z，则附加的直角坐标系指定为 U、V、W 或 P、Q、R。一般地，由三个直线运动轴 X、Y、Z 和 A、B、C 三个旋转轴中的一个或两个联动加工构成四轴或五轴联动加工。如附图 13-1 为多轴数控机床及其坐标系统的示例。

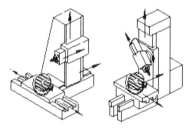

a）卧式镗铣床　　　　　　　b）六轴加工中心

附图 13-1　多轴数控机床及其坐标系统

2）四轴加工机床的类别

在三坐标数控铣床或加工中心机床上增加一个附加轴即可构成四轴数控加工模式，采用回转工作台作第四轴的则多为卧式数控机床。基于性价比的原因，四轴数控通常是和加工中心配套设计的。

立式 $X+Y+Z+A$（附加轴）：附图 13-2 所示是在立式加工中心上增加了一个绕 X 轴回转的附加轴 A，可以做周向槽形铣削，对复杂曲面类零件可减少翻转装夹的次数，避免多次装夹带来的误差，从而提高加工精度，还可以加工三轴机床无法加工的高难度零件。该类机床通常用三爪和四爪装夹工件，零件装夹方便，但装夹受回转空间的限制，因此常用于中小型零件的加工。对于长径且自重较大的零件在加工过程中容易变形，需采用一夹一顶的辅助支承。

卧式 $X+Y+Z+B$（回转台）：附图 13-3 所示的卧式加工中心具有一个绕 Y 轴回转的分度转台 B，利用转台分度，可以加工箱体类零件的四个侧面，若主轴能进行立卧转换（五轴模式），则可以加工除安装面以外的五个面，其加工范围就非常大。该类机床零件直接装夹在工作台上，回转空间较大，由于其加工过程中重力方向与工作台支撑方向一致，因此可用于大中型零件的加工，如箱体零件的多面加工。

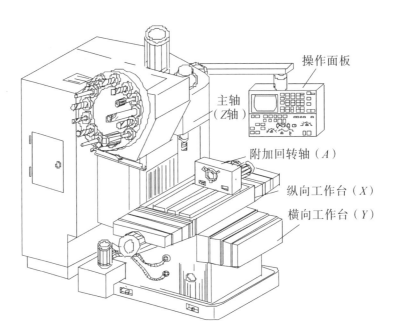

附图 13－2　带附加 A 轴的立式加工中心

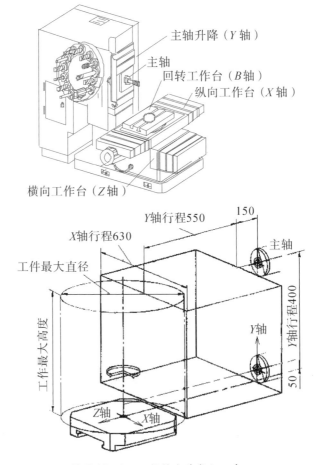

附图 13－3　四轴转台卧式加工中心

3)五轴加工机床的类别

五轴加工机床除 X、Y、Z 以外,其旋转轴的组合及其控制实现方式有很多种形式。

（1）双摆头式（dual rotary heads）：主轴头摆转控制,工作台做水平运动。有如附图 13 - 4 所示的 $A+C$、$B+C$ 实现方式等。

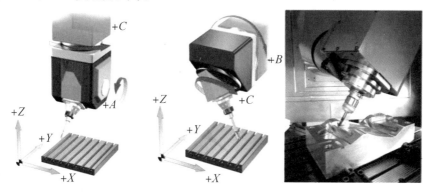

附图 13 - 4　双摆头式五轴加工机床

（2）双摆台式（dual rotary tables）：工作台上旋转或摆动,主轴垂直升降运动或 $X/Y/Z$ 龙门式十字移动,有如附图 13 - 5 所示的 $C+A$、$A+C$、$B+C$ 等方式,俗称摇篮式。

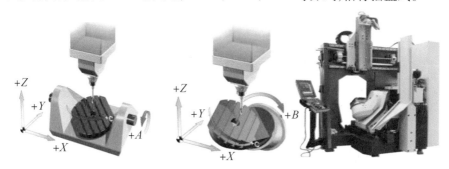

附图 13 - 5　双摆台式五轴加工机床

（3）主轴与工作台摆动式（rotary head and table）：单一转台或附加旋转轴 + 主轴摆转。有如附图 13 - 6 所示的 $B+C$、$A+C$ 实现方式等。

（4）3 + 2 轴定位加工:在三轴数控机床工作台面上添加一数控双轴分度盘附件（如附图 13 - 5 所示）,即可进行五轴控制,卸下附件即为传统三轴数控加工机床。

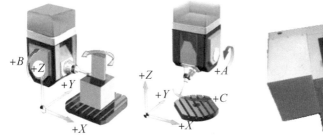

附图 13 - 6　摆头 + 摆台式五轴加工机床

附图 13 - 7　3 + 2 附加双轴分度盘

（5）不同控制方式下五轴机床加工的特点比较

工作台回转控制方式（摆台式）:结构简单、主轴刚性好,制造成本较低。同样行程下,加工效率比摆头式高,刀具长度对理论加工精度不会产生影响。但工作台不能设计太大,能承重较小,特别是工作台回转过大时,由于需克服的自重的原因,工件切削时会对工作台带来较大的承载力矩。

主轴摆转控制方式(摆头式):主轴前端为一回转头,主轴加工比较灵活,可活动范围较大,工作台也可设计得非常大,但主轴头的摆转结构比较复杂,理论加工精度会随刀具长度增加而降低。由于主轴需要摆动,不可设计得太大,因而主轴刚性较差,制造成本也较高,但对大型重型等无法实现工作台摆动的零件,只能采用摆头式控制方式。

2. 多轴加工的特点

(1)对复杂型面零件仅需少量次数的装夹定位即可完成全部或大部分加工,从而节省大量的时间。

(2)通过多轴空间运行,可以使用更短的刀具进行更精确的加工。

(3)倾斜后可增大切削接触点处的线速度以提高加工质量,同时使切削由点接触变为线接触,获得较高的切削效率,如附图 13-8 所示。

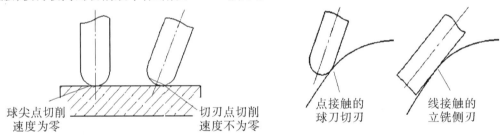

球尖点切削 速度为零　　切刃点切削 速度不为零　　点接触的 球刀切刃　　线接触的 立铣侧刃

附图 13-8　多轴加工时切削点的变化

(4)利用端刃和侧刃切削,使得变斜角类加工表面质量得以提高。

(5)就叶片类零件加工而言,多轴加工可使导随边边缘加工状况得到明显改善,且环绕加工有利于控制变形。

但多轴加工编程较复杂,大多需要借助 CAM 软件自动编制程序,其后置处理比三轴更复杂,且多轴加工的工艺顺序与三轴有较大的差异。

3. 多轴加工的适应性

(1)立式附加四轴的加工

如附图 13-9 所示的调焦筒、柱面凸轮、引斜螺杆等为立式附加四轴加工的典型零件,这类零件在圆周面上具有一些规则或不规则的槽形、绕某回转轴线均布或不均布的台阶面与径向孔等,需采用带附加 A 轴的立式数控机床边旋转边加工或分度定位后再加工。这类零件回转直径不大,通常为中小型盘套类或细长轴类。

调焦筒　　柱面凸轮　　引斜螺杆　　单叶片

附图 13-9　立式附加四轴加工的典型零件

（2）卧式转台四轴加工

如附图13–10所示底座壳体零件、箱体零件、大型叶盘零件等为卧式转台四轴加工的典型零件,这类零件一般具有局部回转表面或角度分布的多个表面及孔系,且加工部位相对于回转轴线通常具有较大的回转半径,不适合在立式附加四轴机床上装夹,由于零件尺寸较大,需要使用带转台的卧式加工中心分度或作四轴局部摆转加工。

底座壳体零件

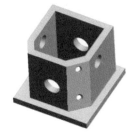
箱体零件

大型叶盘零件

附图13–10　卧式转台四轴加工的典型零件

（3）五轴加工零件

如附图13–11所示大型模具零件、多面体零件、叶轮、螺旋桨等为五轴加工典型零件,其中大型模具零件的模腔曲面使用双摆头五轴加工时,具有较好的动作控制灵活性,若采用摆台式就会因主轴与摆台的干涉而限制其允许的加工范围;对于图示多面体零件而言,若为大中型件应选用较大工作台面的机床以确保可靠平稳装夹,用双摆台五轴加工较适宜,在行程范围许可时亦可采用立卧转换 A + B 双摆头五轴加工,采用摆头 + 回转台 A + C 五轴方式则容易受干涉问题的制约;对于叶轮、螺旋桨类零件,大中型件宜用双摆头或双摆台五轴加工方式,亦可用摆头 + 回转台五轴方式,小型件可使用3 + 2附加五轴加工方式。

大型模具零件

多面体零件

叶轮零件

螺旋桨零件

附图13–11　五轴加工的典型零件

能量站 14　　多轴加工的夹具及装夹方法

如附图 14-1 所示,附加四轴的立式加工中心机床的工件装夹方法类似于卧式车床,工件装夹在回转轴夹头上,比如自定心的三爪卡盘或定制的工艺夹头。若采用一般 T 形槽盘,则需用压板螺钉夹紧固定,可用于非圆形坯件的装夹固定,此时零件的定位可通过心轴保证,或通过打表找正。当零件长度不大时直接以悬臂形式装夹,细长或扁薄零件则需要采用辅助支承以一夹一顶的装夹固定方式。由于附加四轴的回转空间不大,因此,通常用于中小型零件的加工。

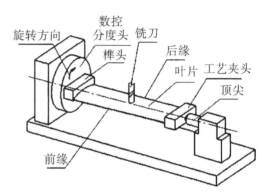

附图 14-1　立式附加四轴加工装夹方案

卧式转台、压板螺钉装夹　　　　　　　　卧式转台、托盘夹具

附图 14-2　卧式转台四轴加工装夹方案

从加工运动控制形式上看,附加四轴的立式加工中心和车削中心有很多相似之处,但由于立式加工中心主轴的下刀方式相对固定,而车削中心则可有多种角度方位的刀具安装形式,因此,附加四轴的加工工艺范围没有车削中心宽,仅与车削中心径向走刀控制方式类同。

如附图 14-2 所示,卧式转台四轴加工通常用于较大型零件(如箱体类)的四轴分度加工或联动加工,此时将工件对称中心即放置在转台回转中心处,编程控制简单方便。多面加工时,四轴转台主要起到分度盘的作用,使加工面正对主轴后即可进行该面各特征的加工,加工完一面后再分度,使另一加工面正对主轴。对于小型零件,若仍以工件对称中心与转台中心重合进行装夹,则要求刀具必须有足够的悬伸长度,因而降低了刀具的刚性,使切削加工处于不理想的状态,因此,小型零件通常偏装在台面转角处,一次装夹可实现相邻两表面的加工,而相对的另两侧面则必须重新装夹后再加工。多面加工时,各加工面通常分别使用G54、G55、G56、G57 等构建工件坐标系并分别对刀找正;而四轴回转联动加工时,工件坐标原点通常就应设在转台中心处,工件装夹定位时也应按此要求装调。

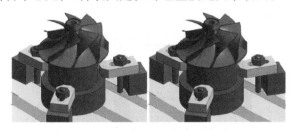

附图 14 - 3　通用压板螺钉或精密台钳装夹

能量站 15　　华中 HNC - 818B 系统界面及面板介绍

华中 HNC - 818B 系统面板为彩色液晶显示器。面板显示及按键总体排布见下图。

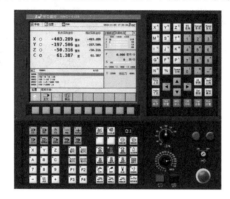

1. 显示界面区域划分

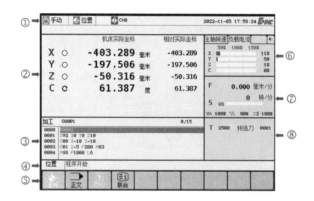

①—标题栏。

a. 加工方式：系统工作方式根据机床控制面板上相应按键的状态可在自动（运行）、单段（运行）、手动（运行）、增量（运行）、回零、急停之间切换；

b. 系统报警信息；

c. 0 级主菜单名：显示当前激活的主菜单按键；

d. U 盘连接情况和网路连接情况；

e. 系统标志,时间。

②—图形显示窗口：这块区域显示的画面,根据所选菜单键的不同而不同。

③—G 代码显示区：预览或显示加工程序的代码。

④—输入框：在该栏键入需要输入的信息。

⑤—菜单命令条：通过菜单命令条中对应的功能键来完成系统功能的操作。

⑥—轴状态显示：显示轴的坐标位置、脉冲值、断点位置、补偿值、负载电流等。

⑦—辅助机能：F/S 信息区。

⑧—G 模态及加工信息区：显示加工过程中的 G 模态及加工信息。

2. 主机面板按键定义

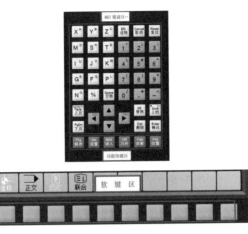

主机面板包括:精简型 MDI 键盘区、功能按键区、软键区。

MDI 键盘功能

通过该键盘,实现命令输入及编辑。其大部分键具有上档键功能,同时按下"上档"键和字母/数字键,输入的是上档键的字母/数字。

功能按键功能

HNC-818B 系统有"程序""设置""录入""刀补""诊断""位置"6 个功能按键,各功能按键可选择对应的功能集,以及对应的显示界面。

软键功能

HNC-818B 系统屏幕下方有 10 个软键,该类键上无固定标志。各软键功能对应为其上方屏幕的显示菜单,随着菜单变化,其功能也不相同。

按键	名称/符号	功能说明
X^A Y^B Z^C M^D S^H T^R I^U J^V K^W G^E F^Q P^L N^O % spacs空格 1" 2: 3: 4\ 5# 6^ 7[8] 9* 0/ . -=	字符键(字母、 数字、符号)	输入字母、数字和符号。每个键有上下两档,当按下"上档键"的同时,再按下"字符键",输入上面的字符,否则输入下面的字符。

续表

按键	名称/符号	功能说明
◀ ▲ ▶ ▼	光标移动键/ [光标]	控制光标左右、上下移动。
%	程序名符号 键/[%]	主、子程序的程序名符号。
BS 退格	退格键/ [退格]	向前删除字符等。
Del 删除	删除键/ [删除]	删除当前程序、向后删除字符等。
Reset 复位	复位键/ [复位]	CNC 复位,进给、输入停止等。
Alt 替换	替换键/ [Alt]	使用[Alt]+[光标]时,可切换屏幕界面右上角的显示框(位置、补偿、电流等)内容。。使用[Alt]+[P]时,可实现截图作。
Shift 上档	上档键/ [上档]	使用双地址按键时,切换上、下档按键功能。同时按下上档键和双地址键时,上档键有效。
Space 空格	空格键/ [空格]	向后空一格操作。
Enter 确认	确认键/ [Enter]	输入打开及确认输入。
PgUp 上页　PgDn 下页	翻页键/ [翻页]	同一显示界面时,上下页面的切换。
Prg 程序　Set 设置　MDI 录入 Oft 刀补　Dgn 诊断　Pos 位置	功能按键[程序] [设置][录入] [刀补][诊断] [位置]	加工:选择自动加工操作所需的功能集,以及对应界面。 程序:选择用户程序管理功能集,以及对应界面。 设置:选择刀具设置相关的操作功能集,以及对应界面。 录入:选择程序录入功能集,以及对应界面。 刀补:选择刀补录入功能集,以及对应界面。 诊断:选择问题诊断功能集,以及对应界面。 位置:选择位置显示功能集,以及对应界面。

续表

按键	名称/符号	功能说明
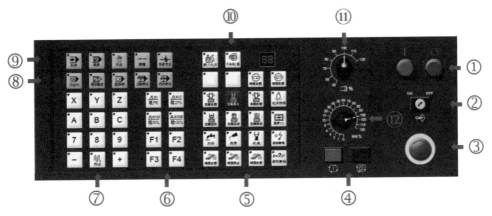	软键/ [功能]	HNC-818B 显示屏幕下方的 10 个无标识按键即为软键。在不同功能集或层级时,其功能对应为屏幕上方显示的功能。软键的主要功能如下: 1)在当前功能集中进行子界面切换; 2)在当前功能集中,实现对应的操作输入,如编辑、修改、数据输入等。

3. 机床操作面板区域划分及按键定义

①—电源通断开关

②—编辑锁开/关

③—急停按键

④—循环启动/进给保持

⑤—机床控制扩展按键区

⑥—进给速度修调波段开关

⑦—进给轴移动控制按键区

⑧—运行控制按键区

⑨—工作方式选择按键区

⑩—机床控制按键区

⑪—主轴倍率波段开关

⑫—进给速度修调波段开关

按键	名称/符号	功能说明	有效时工作方式
自动	自动工作方式键/［自动］	选择自动工作方式。	自动
单段	单段开关键/［单段］	（1）逐段运行或连续运行程序的切换。 （2）单段有效时,指示灯亮。	自动、MDI（含单段）
手动	手动工作方式键/［手动］	选择手动工作方式。	手动
增量	增量工作方式键/［增量］	选择增量工作方式。	增量
回参考点	回零工作方式键/［回零］	选择回零工作方式键。	回零
空运行	空运行工作方式键/［空运行］	选择空运行工作方式键。	自动、MDI（含单段）
程序跳段	程序跳段开关键/［程序跳段］	程序段首标有"/"符号时,该程序段是否跳过的切换。	自动、MDI（含单段）
选择停	选择停开关键/［选择停］	（1）程序运行到"M00"指令时,是否停止的切换; （2）若程序运行前已按下该键（指示灯亮）,当程序运行到"M00"指令时,则进给保持,再按循环启动键才可继续运行后面的程序;若没有按下该键,则连贯运行该程序。	自动、MDI（含单段）
Z轴锁住	Z轴锁住开关键/［Z轴锁住］	选择Z轴锁住工作方式键。	自动、MDI（含单段）
机床锁住	机床锁住开关键/［机床锁住］	选择机床锁住工作方式键。	自动、MDI（含单段）
超程解除	超程解除键/［超程解除］	（1）取消机床限位; （2）按住该键可解除报警,并可运行机床。	手动、增量
循环启动	循环启动键/［循环启动］	程序、MDI指令运行启动。	自动、MDI（含单段）
进给保持	进给保持键/［进给保持］	程序、MDI指令运行暂停。	自动、MDI（含单段）

按键	名称/符号	功能说明	有效时工作方式
X Y Z / A B C / 7 8 9 / − ∿ +	手动控制轴进给键/[轴进给]	(1)手动或增量工作方式下,控制各轴的移动及方向; (2)工作方式时,选择控制轴; (3)手动工作方式下,分别按下各轴时,该轴按工进速度运行,当同时还按下"快进"键时,该轴按快移速度运行。 (4)B/C/7/8/9 键空置,暂无用途。	增量、手动
⊓×1 ⊓F0 / ⊓×10 ⊓25% / ⊓×100 ⊓50% / ⊓×1000 ⊓100%	快移速度修调键/[快移修调]	快移速度的修调。	增量、手动、回零、自动、MDI(含单段、模拟)
F1 F2 / F3 F4	机床控制扩展按键/[机床控制]	手动控制机床的各种辅助动作。	机床厂家根据需要设定
换刀允许 刀具松/紧 / 排屑正转 排屑翻转 / 88	机床控制按键/[机床控制]	刀具松紧、换刀允许、刀具正传、刀具反转、刀号显示	手动
	机床控制扩展按键/[机床控制]	手动控制机床的各种辅助动作。	机床厂家根据需要设定
主轴正转 主轴停止 主轴反转 / 主轴定向 主轴点动 主轴制动	主轴控制键/[主轴正/反转/定向/点动/制动]	主轴正转、反转、停止、定向、点动、制动运行控制。	增量、手动
冷却 润滑 吹屑	机床控制按键/[机床控制]	冷却、润滑、吹屑打开与关闭。	

按键	名称/符号	功能说明	有效时工作方式
排屑正转 排屑停止 排屑反转	机床控制按键/ [机床控制]	排屑正转、反转、停止。	增量、手动、回零、自动、MDI(含单段、手轮模拟)
机床照明	机床控制按键/ [机床控制]	机床照明开关。	增量、手动、自动、MDI(含单段、模拟)
防护门	机床控制按键/ [机床控制]	防护门开关。	自动
自动断电	机床控制按键/ [机床控制]	程序完成后自动断电。	自动、MDI (含单段)
主轴倍率键/ [主轴倍率]	主轴倍率键/ [主轴倍率]	主轴速度的修调。	增量、手动、自动、MDI(含单段、模拟)
进给倍率旋钮/ [进给倍率]	进给倍率旋钮/ [进给倍率]	进给速度修调。	手动、自动、MDI、回零
系统电源开/ [电源开]	系统电源开/ [电源开]	控制数控装置上电。	增量、手动、回零、自动、MDI(含单段、模拟)
系统电源关/ [电源关]	系统电源关/ [电源关]	控制数控装置断电。	
ON OFF 程序保护开关/ [程序保护]	程序保护开关/ [程序保护]	保护程序不被随意修改。	增量、手动、回零、自动、MDI(含单段、模拟)
急停键/ [急停]	急停键/ [急停]	紧急情况下,使系统和机床立即进入停止状态,所有输出全部关闭。	

4. 手持单元

按键	名称/符号	功能说明	有效时工作方式
	手轮/[手轮]	控制机床运动。轴的前进或后退。	
	轴选择开关 [X][Y][Z][4] [5][6][OFF]	当波段开关旋到除"OFF"外的轴选择开关处时,则手持单元上的开关、按键均有效。	
	倍率开关/ [增量倍率]	每转 1 格或"手动控制轴进给键"每按 1 次,则机床移动距离对应为: 0.001mm/0.01mm/0.1mm。	

能量站 16　　　制造类企业成本与产品价格

1. 制造类企业成本核算

为什么要进行成本核算?

对于生产企业而言,成本核算是企业管理中最重要的一环,成本核算直接影响公司成本预算、产品定价、公司盈利情况,进而影响到公司产品结构、整体战略布局。成本核算是成本控制的基础,是开展成本管理,实现经济效益的关键环节(节自王蕾《制造业成本核算存在的问题与解决对策探究》)。

1)成本核算定义

成本核算是指将企业在生产经营过程中发生的各种税费按照一定的对象进行分配和收集,以计算总成本和单位成本。成本核算以会计核算为基础,以货币为计算单位。

2)制造类企业的成本组成:

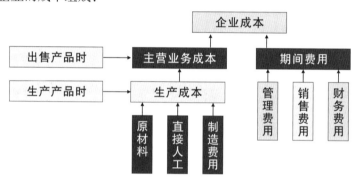

附图 16 - 1

3)生产成本核算的方法——平行结转分步法

成本核算的方法分为品种法、分批法和分步法。其中分步法又分平行结转分步法和逐步结转分步法。本教材加工过程中所使用的成本核算方法为平行结转分步法。

平行结转分步法是指半成品成本并不随半成品实物的转移而结转,而是在哪一步骤发生就留在该步骤的成本明细账内,直到最后加工成产成品,才将其成本从各步骤的成本明细账转出的方法。各生产步骤只归集计算本步骤直接发生的生产费用,不计算结转本步骤所耗用上一步骤的半成品成本;各生产步骤分别与完工产品直接联系,本步骤只提供在产品成本和加入最终产品成本的份额,平行独立、互不影响地进行成本计算,平行地把份额计入完工产品成本。

4)生产成本核算基本过程

以一个成品 A 为例子,生产数量为 30 个,核算过程如下:

(1)直接材料的计算本教材中加工情况更符合单件试制,因此可以直接计算单个零件所耗费的材料费用。

(2)直接人工的计算

如果是记件工资,这个计算就很简单了,直接人工就是生产该产品的计件工资而已,但更多的生产不是计件工资的形式,所以,在进行成本核算的时候就需要知道直接人工的分配基础,一般情况下以工时为基础,特殊行业也有以其他为基础的,这个就需要统计人工的有效工时和产品的完工工时了。

现假设:组装和包装车间各有甲和乙参加了这个 A 产品的生产,甲的工资是 3000 元/月,乙的工资是 1500 元/月,甲和乙每天都工作 10 小时,那么甲的工资率为:(3000/30)/10 = 10 元/小时,乙的工资率为:(1500/30)/10 = 5 元/小时

在组装车间,生产该 30 个 A 产品,耗费了甲 3 个小时,那么该批产品的组装车间直接人工为:10 * 3 = 30

在包装车间,生产该 30 个 A 产品,耗用了乙 2 个小时,那么该批产品的包装车间直接人工为:5 * 2 = 10

那么在月末计算工资和分摊该批 30 个 A 产品成本时,财务需记账:

借:生产成本—直接人工　　　　40

贷:应付工资　　　　　　　　　40

(3)制造费用的计算。

直接或者间接的参与该产品生产过程的因素还有很多,如加工该产品使用的(机器折旧 + 厂房折旧 + 水电费用 + 车间管理人员的工资 + 低值易耗品)等生产过程中车间其他费用等,这个就是我们常说的制造费用范围。这些费用都是集中在一个月中间发生的,是无法清楚地知道生产该产品到底耗用了多少,所以,这也需要一个分摊制造费用的基础,一般情况下,也是以工时为基础,这就是所说的制造费用的费率。

现假设:组装车间本月共计发生制造费用 30000 元,该车间共 20 人,每人每天工作 10 个小时,那么本月该车间共计有效工时为 30 * 20 * 10 = 6000 小时;则该车间制造费用的费率 30000/6000 = 5 元/小时,那么分摊到该批产品时的制造费用为:5 * 3 = 15 元。

2. 废料收入

在我国现行各种核算方法下,不论是可修复废品的修复费用,还是不可修复废品的报废损失,也不论废品损失正常与否,最终均计入产品成本,即由正品负担。这样的处理在实践中便于操作,对于小企业适用。切屑等废料可以通过回收的方式冲抵产品生产成本。

3. 企业成本

单件试制的生产成本与批量生产的成本不同。

批量生产单件成本 = 试制单件成本 * 试制系数;(试制系数 < 1)。

企业的生产成本在企业成本中的占比在 60% 左右较为合理。本教材假设 XX 企业生产成本占比为 60%,因而可以计算出企业成本。

企业成本 = 试制单件成本 * 试制系数/0.6 。

4. 企业产品价格

影响产品价格的主要有内部因素和外部因素。内部因素主要是成本。外部因素主要是

供求关系。

产品价格 = 企业成本 + 利润。

5. 盈利状况

假设获得同样利润的前提下,成本越低则售价越低,企业产品更具竞争力,企业前景光明,反之,成本越高售价越高,企业丧失竞争力。

假设产品以市场价格为售价,成本越低则赚取平均利润之外的超额利润,企业盈利越丰,可扩大再生产,企业愈发壮大,反之成本越高,盈利越少,则企业发展受限。当成本高过市场价格,出现亏损,企业经营困难甚至破产。

备用表格

刀具卡				班级	组别	零件号	零件名称
序号	刀具号	刀具名称	数量	加工表面	刀尖半径(mm)		刀具规格(mm)
1							
2							
3							
4							
5							
6							
责任		签字		审核			审定	

程序验证改进表

序号	需要改动的内容	改进措施
1		
2		
3		
4		

废件分析表

序号	废件产生原因（why）	改进措施（how）	其他

废料收集记录卡片					班级	组别	零件号	零件名称
序号	材质	类别	重量(kg)	存放位置	处理时间		收集人	备注
责任		签字		审核			审定	

程序编制记录卡片			班级	组别	零件号	零件名称		
序号	工序内容	编制方式(手/自)	完成情况	程序名	优化一	优化二	程序存放位置	
责任		签字						

手工编程程序单			班级	组别	零件名称
行号	程序内容	备注	行号	程序内容	备注

检验卡片				班级	组别	零件号	零件名
责任		签字				JJQM－01	调焦钮
序号	检验项目	检验内容	技术要求	自测	检测	改进措施	改进成效
1							
2							
3							
4							
5							
6							
7							
8							
9							
10							
11							
12							
13							
14							
15							
16							
17							

生产成本核算表			班级	组别	零件号	零件名称

制造费用	电费/折旧	使用设备/用品	功率	使用时长	电力价格	电费	折旧费
	劳保	用品	规格	单价	数量	费用	备注
	刀具损失	刀具名称	规格	单价	数量	费用	备注
		小计					
材料费用		材料名称	牌号	用量	单价	材料费用	
		小计					
人工费用		岗位名称	工时	时薪	人工费用	备注	
		组长					
		编程员					
		操作员					
		检验员					
		核算员					
		后勤员				岗位数视情况	
		小计					
总计							
责任		签字		审核		审定	

自评表				班级	组别	姓名		零件号		零件名称	

结构	内容	具体指标	配分	等级及分值					工艺员	编程员	操作员	检验员	核算员	后勤员	后勤员
				A	B	C	D	E							
工作业绩（50分）	完成情况	职责完成度	15	15	12	9	7	4							
		临时任务完成度	15	15	12	9	7	4							
	工作质效	积极主动	5	5	4	3	2	1							
		不拖拉	5	5	4	3	2	1							
		克难效果	5	5	4	3	2	1							
		信守承诺	5	5	4	3	2	1							
业务素质（20分）	业务水平	任务掌握度	5	5	4	3	2	1							
		知识掌握度	5	5	4	3	2	1							
		技能掌握度	5	5	4	3	2	1							
		善于钻研	5	5	4	3	2	1							
团队（15分）	团队	积极合作	5	5	4	3	2	1							
		互帮互助	5	5	4	3	2	1							
		班组全局观	5	5	4	3	2	1							
敬业（15分）	敬业	精益求精	5	5	4	3	2	1							
		勇担责任	5	5	4	3	2	1							
		出勤情况	5	5	4	3	2	1							
自评分数总得分															
考核等级：优（90～100）　　良（80～90）　　合格（70～80）　　及格（60～70）　　不及格（60以下）															

互评表					班级	组别	姓名		零件号		零件名称

结构	内容	具体指标	配分	等级及分值					工艺员	编程员	操作员	检验员	核算员	后勤员	后勤员
				A	B	C	D	E							
工作业绩 (50分)	完成情况	职责完成度	15	15	12	9	7	4							
		临时任务完成度	15	15	12	9	7	4							
	工作质效	积极主动	5	5	4	3	2	1							
		不拖拉	5	5	4	3	2	1							
		克难效果	5	5	4	3	2	1							
		信守承诺	5	5	4	3	2	1							
业务素质 (20分)	业务水平	任务掌握度	5	5	4	3	2	1							
		知识掌握度	5	5	4	3	2	1							
		技能掌握度	5	5	4	3	2	1							
		善于钻研	5	5	4	3	2	1							
团队 (15分)	团队	积极合作	5	5	4	3	2	1							
		互帮互助	5	5	4	3	2	1							
		班组全局观	5	5	4	3	2	1							
敬业 (15分)	敬业	精益求精	5	5	4	3	2	1							
		勇担责任	5	5	4	3	2	1							
		出勤情况	5	5	4	3	2	1							
互评分数总得分															

考核等级:优(90～100) 良(80～90) 合格(70～80) 及格(60～70) 不及格(60以下)

教师评价表			班级	姓名	零件号	零件名称

评价项目		评价要求	配分	评分标准	得分
	工艺制订	分析准确	3	不合理一处扣1分,漏一处扣2分,扣完为止	
		熟练查表	2	不熟练扣1分,不会无分	
	程序编制	编程规范	4	不规范一处扣1分,扣完为止	
		正确验证	4	验证错误或不合理且无改进,一处扣1分,扣完为止,无验证环节不得分	
	操作实施	操作规范	10	不规范一处扣1分,扣完为止	
		摆放整齐	3	摆放不整齐无分	
		加工无误	10	有一次事故无分	
		工件完整	3	有一处缺陷扣1分,扣完为止	
		安全着装	1	违反一处扣1分,扣完为止	
	质量检验	规范检测	4	不规范一处扣1分,扣完为止	
		质量合格	4	加工一次不合格扣2分,扣完为止	
	废料管理	正确分析	4	分析不正确一处扣1分,扣完为止	
		及时管理	3	放学即清,拖沓无分	
	成本核算	正确计算	3	概念不正确或计算错误无分	
		正确分析	2	成本分析不合理、不到位或错误无分	
	加工复盘	讨论热烈	2	不热烈无分	
		表述丰富	2	内容不足横线一半扣1分,不写无分	
		言之有物	2	内容不能落实,不具操作性无分	
	考核评价	自评认真	2	不认真无分	
		互评中立	2	不客观或有主观故意成分无分	
综合表现	团队协作	支持信任	5	有良性互动,一次加1分,加满为止	
		目标一致	5	多数组员一致加3分,全体一致满分	
	精神面貌	工作热情	5	一名组员热情加1分,加满为止	
		乐观精神	5	一名组员不畏难加2分,加满为止	
	沟通	交流顺畅	5	一名组员积极加1分,加满为止	
	批判	质疑发问	5	发问提建议,一次加1分,加满为止	
总评分			100	总得分	
		教师签字			

机械加工工艺过程卡片

班级	组别	零件号	零件名称

材料及材料消耗定额

名称	规格	牌号	单件定额	毛坯种类	零件净重	每个毛坯可制零件数

总工艺路线

序号	工序内容	设备		工装					工时		优化工时		备注
		名称	型号	夹具	刀具	量具	辅具	辅料	单件工时	准备结束时间	单件工时	准备结束时间	

编制	审核	审定	共 页	第 页

机械加工工序卡片

机械加工工序卡片	班级	组别	零件号	零件名称	工序号	工序名
				设备名称		
				设备型号		
				夹具名称		
				工序工时	准终	
					单件	

工步号	工步内容	工艺装备	主轴转速	进给量	背吃刀量	工步工时		优化工时	
						机动	辅助	机动	辅助

责任	签字	审核	审定	共 页	第 页